DEUTSCHE AKADEMIE
DER LANDWIRTSCHAFTSWISSENSCHAFTEN ZU BERLIN

ARCHIV
FÜR
GEFLÜGELZUCHT
UND
KLEINTIERKUNDE

Begründet als
„ARCHIV FÜR GEFLÜGELKUNDE"
im Jahre 1926
von Jan Gerriets

10. BAND · HEFT 1 · 1961

THEORIA CUM PRAXI

AKADEMIE-VERLAG · BERLIN

INHALTSVERZEICHNIS

Das Archiv für Geflügelzucht und Kleintierkunde erscheint in einzelnen Heften mit einem Umfang von je 4 Druckbogen. Die Hefte, die innerhalb eines Jahres herauskommen (6 Hefte), bilden einen Band. Das letzte Heft des Bandes enthält Inhalts-, Autoren- und Sachverzeichnis.
Es werden nur Manuskripte angenommen, die bisher noch in keiner anderen Form im In- oder Ausland veröffentlicht worden sind. Der Umfang soll nach Möglichkeit 1½ Druckbogen (etwa 35 Schreibmaschinenseiten) nicht überschreiten.
Die Autoren erhalten Fahnen- und Umbruchabzüge mit befristeter Terminstellung, bei deren Überschreitung durch den Autor von der Redaktion Imprimatur erteilt wird. In den Fällen, in denen die Lesung durch den Autor (Ausländer) auf sehr große Schwierigkeiten stößt oder sehr zeitraubend wäre, wird die Prüfung durch die Schriftleitung vorgenommen.
Das Verfügungsrecht über die im Archiv abgedruckten Arbeiten geht ausschließlich an die Deutsche Akademie der Landwirtschaftswissenschaften zu Berlin über. Ein Nachdruck in anderen Zeitschriften oder eine Übersetzung in andere Sprachen darf nur mit Genehmigung der Akademie erfolgen.
Kein Teil dieser Zeitschrift darf in irgendeiner Form — durch Fotokopie, Mikrofilm oder irgendein anderes Verfahren — ohne schriftliche Genehmigung der Akademie reproduziert werden.
Jeder Autor erhält von der Akademie unentgeltlich 100 Sonderdrucke und ein Honorar von 40,— DM für den Druckbogen. Das Honorar schließt auch die Urheberrechte für das Bildmaterial ein. Dissertationen, auch gekürzte bzw. geänderte, werden nicht honoriert.
Jeder Arbeit muß vom Autor eine Zusammenfassung der wichtigsten Ergebnisse beigegeben werden. Sofern er in der Lage ist, soll er diese gleich übersetzt in russisch und englisch bzw. in einer dieser Sprachen liefern. Gegebenenfalls wird die Übersetzung in der Akademie vorgenommen.
Bezugspreis je Heft (etwa 80 Seiten) 5,— DM.
Herausgeber. Deutsche Akademie der Landwirtschaftswissenschaften zu Berlin. Chefredakteur: Prof. Dr. phil. Dr agr. h. c. Dr. med. vet. h. c. Jan Gerriets, ehem. Direktor des Instituts für Kleintierzucht der Humboldt-Universität zu Berlin. Redaktion. Dr. G. Pritsch, Institut für Geflügel- und Pelztierzucht der Humboldt-Universität zu Berlin, Berlin N 4, Invalidenstraße 42. Verlag: Akademie-Verlag GmbH., Berlin W 8, Leipziger Straße 3—4. Fernruf 220441, Telex-Nr 011773. Postscheckkonto: Berlin 35021. Bestell-Nr. dieses Heftes 1041/X/1. Veröffentlicht unter der Lizenz-Nr. ZLN 5006 des Ministeriums für Kultur, Gesamtherstellung VEB Druckerei „Thomas Müntzer" Bad Langensalza.

DEUTSCHE AKADEMIE
DER LANDWIRTSCHAFTSWISSENSCHAFTEN ZU BERLIN

ARCHIV
FÜR
GEFLÜGELZUCHT
UND
KLEINTIERKUNDE

Begründet als
„ARCHIV FÜR GEFLÜGELKUNDE“
im Jahre 1926 von Jan Gerriets

Schriftleiter
Prof. Dr. phil. Dr. agr. h. c. Dr. med. vet. h. c. Jan Gerriets
ehem. Direktor des Instituts für Kleintierzucht
der Humboldt-Universität Berlin

10. BAND · HEFT 1 · 1961

AKADEMIE-VERLAG · BERLIN

ARCHIV FÜR GEFLÜGELZUCHT UND KLEINTIERKUNDE
10. BAND 1961

Jahresinhaltsverzeichnis 10. Band 1961

Inhaltsverzeichnis

Sachverzeichnis

Autorenverzeichnis

Aus dem Institut für Geflügel- und Pelztierzucht der Landwirtschaftlich-Gärtnerischen Fakultät der Humboldt-Universität zu Berlin (Direktor: Prof. Dr. LÜTZENBERG)
in Verbindung mit dem Landesinstitut für Kleintierzucht Merbitz (Direktor: Dipl. agr. J. JAEGER)

(Auszug aus der gleichnamigen Dissertation)

W. RUDOLPH

Beiträge zur Frage des Eiweißbedarfes von Mastenten

Eingegangen: 15. 8. 1960

I. Aufgabenstellung

Untersuchungen über die Ausnutzung bestimmter Futtermittel und -mischungen durch die Ente sind für eine nach wissenschaftlichen Erkenntnissen auszuführende Jungtiermast im Hinblick auf die Sicherung des physiologischen Nähr- und Wirkstoffbedarfes von unschätzbarem Wert. Eine Jungentenmast kann ohne Zufuhr der auf den Nährstoffbedarf abgestimmten Menge und Arten von Nahrungseiweiß nicht erfolgreich betrieben werden. Während aber zahlreiche Untersuchungen über den Eiweißbedarf von Hühnerküken wertvolle Hinweise über den Einsatz entsprechender Eiweißfuttermittel bei dieser Geflügelgattung geben, sind die Kenntnisse über die Nahrungsansprüche von Entenküken noch sehr lückenhaft. So weisen SCOTT und HEUSER (57) sowie KUMANOV und TANEV (40) auf die Notwendigkeit von Untersuchungen über den Eiweißbedarf von Mastenten hin.

Die unseres Erachtens vom theoretischen Standpunkt aus zunächst kaum zu begründende Berechtigung der häufig vorgenommenen Übertragung der an Hühnern gefundenen ernährungsphysiologischen Erkenntnisse auf die Ente wird auch durch einige Untersuchungen und Hinweise in Frage gestellt. So deuten die von SCOTT und HEUSER (57) sowie von SCOTT und Mitarbeitern (58) dargestellten Ergebnisse auf einen niedrigen Eiweißbedarf der Enten hin. Nach KINZEL (39) ist die N-Rentention der Enten, ausgedrückt als v. H. der N-Aufnahme, höher als bei Hähnchen. Eindeutige Beziehungen zwischen der Höhe des retinierten Stickstoffes und der Gewichtsentwicklung konnten jedoch, wahrscheinlich auf Grund unzureichenden Tiermaterials, nicht festgestellt werden. Weiterhin stützen wir uns auf die Resultate einer Untersuchung von TROITZKAJA, DANILOWA und PALMOWA (70), die den Nachweis einer anders gearteten, dem Huhn gegenüber vollkommneren Rohfaser- und Eiweißverdauung von Futtermitteln durch die Ente erbrachte.

Komparative Studien über den Gesamt-Proteinbedarf von Mastenten liegen nur wenige vor. Die im neueren amerikanischen Schrifttum angeführten Ergebnisse über den günstigsten Rohproteingehalt der Futtermischungen deuten darauf hin, daß ein solcher von 16—17 v. H. genügt (31, 57, 58, 59). Die in der Sowjetunion üblichen, in den Normen für die Tierernährung (69) mitgeteilten Entenfütterungsmethoden sind auf ein ähnliches Eiweißregime eingestellt. LEHMANN und seine

Schüler bevorzugten 20—30 v. H. Eiweißfuttermittel im Mastfutter (38, 41, 72). Diese Fütterungsweise vollzog sich bei Einsatz eines relativ hohen Anteiles tierischen Proteins. Gegenwärtig neigt man im allgemeinen häufig zu der bei DOEHL (12) in Anlehnung an Hühnerkükenwuchsprüfungen von FANGAUF, KLEIN und BARLÖWEN (19) wiedergegebenen Ansicht, 20 v. H. Rohprotein auch als Norm für Mastmischungen bei Enten zu empfehlen. Oft sind wirtschaftliche Belange allein für die Gestaltung der Futterzusammensetzung maßgebend.

Im Zusammenhang mit der Bestimmung des Gesamteiweißbedarfes ist auch der unentbehrliche Anteil tierischen Proteins von besonderer Bedeutung. Untersuchungen über den Bedarf tierischen Eiweißes sind bei Enten bisher kaum ausgeführt. Lediglich Versuche von SCOTT und Mitarbeitern (59) sind in dieser Hinsicht hervorzuheben. Der in diesen Untersuchungen bei Entenküken festgestellte Bedarf tierischen Eiweißes ist z. T. geringer als der für Hühnerküken bekannte.

Die älteren Versuche LEHMANNs (41, 42) und anderer Autoren (38, 72) wurden zunächst mit hypothetisch festgesetzten, kaum gerechtfertigten hohen Gaben animalischen Proteins ausgeführt. Entsprechende Futtermischungen werden aber auch gegenwärtig noch hin und wieder empfohlen (64). Dabei hat schon LEHMANN (41) in einem seiner Versuche auf die Möglichkeit einer Einsparung der üblichen tierischen Eiweißfuttermittel bei Enten aufmerksam gemacht.

Nach den wenigen Hinweisen in der Literatur schien bei der Jungente die Möglichkeit eines im Vergleich zu herkömmlichen Vorstellungen abweichenden Eiweißbedarfes zu bestehen. Außerdem glaubten wir nach eigenen Beobachtungen in der Praxis die Meinung ENGELMANNs (15) bestätigt zu finden, daß weder Enten noch Gänse in ähnlichem Maße von tierischem Eiweiß abhängig sind wie Hühner. Eine weitere Klärung von Fragen des Eiweißbedarfes schien deshalb einer Bearbeitung wert. Bei unseren Untersuchungen kam es uns zunächst darauf an, den Nachweis zu führen, daß auch unter hiesigen Fütterungsbedingungen der Rohproteingehalt auf annähernd 17 v. H. herabgesetzt werden kann. Zum anderen wollten wir in Ergänzung der wenigen vorhandenen Arbeiten Untersuchungen über die Mindestmenge animalischen Proteins bei rund 17 v. H. Rohproteinanteil sowie über die Möglichkeit der Komplettierung von Mangeldiäten durch bestimmte Futtersupplemente vornehmen.

Als experimentelle Grundlage dienten vergleichende Fütterungsversuche. Da nach HOHLS (35) noch kein einwandfreier Bewertungsmaßstab für die Mastfähigkeit von Geflügel aufgestellt werden kann, haben wir als Kriterien des Masterfolges die jeweiligen Endgewichte und die Daten für die Futterverwertung und -kosten betrachtet. Wir hielten es für angezeigt, die Fütterungsversuche durch Ausschlachtungen eines Teiles der Mastenten zu erweitern. In Ergänzung der Untersuchungen waren wir in der Lage, vergleichende Bestimmungen des Rohnährstoffgehaltes von Fleisch unterschiedlich ernährter Tiere vorzunehmen.

Die Versuche sollen somit einen Beitrag zur Frage des Eiweißbedarfes von Jungenten während der Mast und des Einsatzes bestimmter Futtersupplemente sowie der Abhängigkeit des Schlachtwertes von der Fütterung darstellen.

II. Spezielle Untersuchungen über den Eiweißbedarf von Mastenten, die Aufwertung des pflanzlichen Proteins durch bestimmte Futtersupplemente sowie die Abhängigkeit des Schlachtwertes von der Fütterung

1. Versuchsmethodik*

A. Tiermaterial und Unterbringung

Für die Untersuchungen standen 1956 Küken von „ungarischen Landenten im Pekingtyp" und für alle anderen Versuche Pekingentenküken amerikanischer Zuchtrichtung aus dem Landesinstitut für Kleintierzucht Merbitz zur Verfügung.

Die Dauer der Warmhaltung von Küken betrug je nach Jahreszeit 3—4 Wochen. Die Haltungsbedingungen im Aufzucht- und Maststall entsprachen den derzeitigen Erkenntnissen. Die Unterkünfte wurden beleuchtet, um den Futterverzehr auch nachts anzuregen, maximal zu steigern sowie Beunruhigungen, die sich bei Enten auf diese Weise erfahrungsgemäß verhüten lassen, zu vermeiden. Es konnten unbewachsene, keinerlei Nährstoffe bietende Ausläufe für die Enten zur Verfügung gestellt werden. Eine Schwimmgelegenheit war in Form einer schmalen Wasserrinne vom Zeitpunkt des Umsetzens in den Maststall an gegeben.

Während des Versuchsverlaufes verendete Tiere leiteten wir dem Tiergesundheitsamt Halle/S. bzw. der Veterinärabteilung unseres Institutes zu. Die Befunde wurden zur Versuchsauswertung herangezogen. Die sehr geringen Abgänge standen in keinem Zusammenhang mit irgendeiner angewandten Fütterungsweise. Aus Raummangel werden sie im folgenden nicht gesondert aufgeführt.

B. Fütterungsversuche

Die vergleichenden Kükenwuchsprüfungen begannen aus technischen Gründen und in Anlehnung an Untersuchungen von MÜLLER (47) 1956 und 1957 bei einem Kükenalter von 14 Tagen, 1958/1959 dagegen mit Beginn der 2. Lebenswoche. Die Mast endete mit 63 Tagen.

In Auswertung der 1956 stattgefundenen Untersuchungen kamen wir zu dem Schluß, vor Beginn eines jeden Versuches eine Geschlechtssortierung der Entenküken nach der japanischen Methode vorzunehmen. Daher war es uns möglich, die von KUMANOV und TANEV (40) bei Pekingenten und von GÄRTNER und SPYRA (24) bei anderen Entenrassen beschriebene geschlechtsgebundene unterschiedliche Gewichtsentwicklung, die sich im adulten Zustand in höheren Erpelgewichten manifestiert, bei der Versuchsanstellung durch gleiche Verteilung der Geschlechter in den Gruppen zu berücksichtigen. Das hat weiterhin den Vorteil, daß beim Vergleich des Futterverzehrs Fehlerquellen, die durch ungleiche Anzahl von Erpeln und Enten bei dem wahrscheinlich verschiedenen, bisher jedoch nicht getrennt erfaßten Futterverbrauch entstehen können, ausgeschlossen sind. Die in den bisherigen Versuchen anderer Autoren, außer bei HAMLYN, BRANION und CAVERS (28), nie vorgenommene Trennung und Bewertung der Geschlechter am Versuchsende muß, wie noch darzustellen sein wird, als ein methodischer Mangel gedeutet werden, der die gefundenen Ergebnisse wesentlich beeinträchtigen kann.

* Sämtliche Untersuchungen wurden im Landesinstitut für Kleintierzucht Merbitz ausgeführt.

Zu Beginn und bei Abschluß der Versuche wurde eine Einzelwägung aller Tiere vorgenommen. Die Gruppendurchschnittsgewichte stellten wir wöchentlich fest.

Aus Gründen einer ausreichend genauen Feststellung des Futterverbrauches wurde feuchtkrümeliges und trockenes Mischfutter verabreicht. Zur Angabe der Futterverwertung benutzten wir, da keine Möglichkeit zur Untersuchung der Verdaulichkeit von Futtermitteln bei Enten bestand, nur den Begriff Rohverwertung (Futterverbrauch für 1 kg Gewichtszuwachs). Die Verwertungszahl von LEHMANN als Relation des Verbrauches an Gesamtnährstoffen je Einheit Gewichtszuwachs hat unseres Erachtens bei Enten für Fütterungsversuche wenig Aussagekraft, da sich die bekannten Tabellenwerte über verdauliche Nährstoffe für Geflügel ausschließlich auf ernährungsphysiologische Untersuchungen am Huhn beziehen. In einer Arbeit von TROITZKAJA und Mitarbeitern (70) wurden jedoch bei der Ente andere Verdauungskoeffizienten für Rohfaser und Rohprotein ermittelt.

Als Vitaminträger verabreichten wir Heringsölemulsion o. ä. in einer Menge von 3 g je Tier, dem Futter einmal täglich beigemischt.

C. Ausschlachtungen

Bei dem Vorhaben, eine möglichst große Zahl von Enten auszuschlachten, konnte die Zerlegung der Tiere wegen arbeitstechnischer Belange nur auf wenige, uns zunächst wichtig erscheinende Merkmale ausgedehnt werden. Um eine erfolgreiche Auswertung vornehmen zu können und geschlechtsbedingte Unterschiede des Schlachtwertes auszuschalten, die nach GRAU (27) zu erwarten wären, gelangten zwischen den Gruppen einander entsprechende Erpel zur Untersuchung. Im Vordergrund der Betrachtung mußte der Anteil verwertbarer Teile des Schlachttieres stehen.

Wir sind bei unseren Ausschlachtungen nicht von den bei PETERS (51) genannten Prinzipien ausgegangen. Bei unserer Fragestellung sollte der beim Fütterungsversuch übliche Begriff Lebendgewicht auch dem der Ausschlachtung entsprechen. Somit haben wir die Gewichte einzelner Bezugsgrößen stets in Relation zum Roh-Lebendgewicht (im folgenden: Lebendgewicht) angegeben. Nach einer 18stündigen „Hungerzeit“ führten wir bei Versuchsabschluß eine Einzelwägung zur Feststellung des Lebendgewichtes durch. Auf eine getrennte Erfassung von Blut und Federn wurde aus arbeitstechnischen Gründen verzichtet. Der unmittelbar nach der Entfernung der Federn vorgenommene Gewichtstest ergab das Schlachtgewicht. Darauf wurden die Tiere bei Temperaturen von —2° C bis +1° C in einer Kühlanlage des Institutes 24 Stunden lang gekühlt. Bei der Kennzeichnung des ausgeschlachteten Tieres stellten wir folgende Kategorien auf:

1. Schlachtausbeute: Prozentualer Anteil der verwertbaren Körperteile (einschließlich Fett) vom Lebendgewicht, ohne verwertbare Organe (Magen, Herz, Leber).
2. Organanteil: Prozentualer Anteil der verwertbaren Organe vom Lebendgewicht (Herz, Leber, Magen).
3. Fettanteil: Prozentualer Fettanteil (Darm- und Bauchfett) vom Lebendgewicht.
4. Gesamtabfall: Nicht verwertbare Teile (Blut, Federn, Kopf, Füße, nicht verwertbare Innereien, d. h. Vorderdarm, Darm, Milz, Gallenblase, Hoden) als v. H. des Lebendgewichtes.

5. Schlachtverlust: Kopf, Füße, nicht verwertbare Innereien als v. H. des Lebendgewichtes.

Lungen und Nieren wurden im Schlachtkörper belassen und sind als Schlachtausbeute anzusehen.

D. Rohnährstoffbestimmungen des Fleisches

Die Rohnährstoffbestimmung des Fleisches erlaubt eine objektive Bewertung der Fleischgüte und diente in den vorliegenden Fällen neben den Ergebnissen der Fütterungsversuche und Ausschlachtungen als zusätzliches Kriterium des Masterfolges der unterschiedlich gefütterten Enten. Die Fleischanalysen wurden im Anschluß an die Ausschlachtungen vorgenommen. In der Regel gelangten aus jeder Gruppe 6 Erpel, die annähernd das Erpeldurchschnittsgewicht erreicht hatten, zur Probenahme. Die Analysen wurden nach den bei Fleischuntersuchungen üblichen Prinzipien (2, 9, 13) unter Benutzung eines Vakuumtrockenschrankes durchgeführt. Nach der Abtrennung der entsprechenden Hautpartien entfernten wir, um die durchschnittliche Fleischqualität zu erfassen, nach Beseitigung der Fett- und Bindegewebsanteile die Muskeln der linken Brustseite und des linken Schenkels. Die entsprechend zubereiteten, gewogenen und homogenisierten Fleischproben wurden zur Ermittlung des Trockensubstanzgehaltes im Vakuumtrockenschrank bei 70° C und 100 mm Hg in 10 Stunden währender Trocknung aufbereitet. Bei dem letzten Versuch (E 34—37) wurde nach Vorschlägen von FRANKE und WENIGER (22) verfahren (10 mm Hg, 5 Stunden Trocknung mit nachfolgender Vorlage von Schwefelsäure). Die Fettextraktion nach SOXHLET dauerte 16 Stunden an. Die Bestimmung des N-Gehaltes geschah nach KJELDAHL. Untersuchungen über den Rohascheanteil fanden nicht statt. Sämtliche Daten werden, wie es auch bei HAVERMANN und Mitarbeitern (30) erfolgte, als v. H. der Frischsubstanz angegeben.

Die von SCHOLTYSSEK (67) geübte Analysentechnik hielten wir für nicht angezeigt. Die neue Methode der Trockensubstanzbestimmung nach HÖLLER, PRINZ und HILL (33) konnte aus technischen Gründen bei uns noch keine Anwendung finden.

2. Darstellung der Versuche

A. Untersuchungen über die Möglichkeit der Herabsetzung des Rohproteinanteiles von 20 v. H. auf 17 v. H. der Ration

Für die Ente liegen im Vergleich zum Huhn nur wenig und recht unterschiedliche Angaben über den Gesamtproteinbedarf vor. Deutsche Autoren haben sich merkwürdigerweise nicht dem Studium dieser Frage gewidmet. Aus der angelsächsischen Literatur lassen sich die folgenden Hinweise gewinnen. Während HORTON (36) einen Rohproteingehalt von 19 v. H. gegenüber 12 v. H. als günstiger angibt, befinden HAMLYN, BRANION und CAVERS (28) 17—18 v. H. als ausreichend. MILLER (46) konnte bei einem Rohproteingehalt von 14 v. H. nur geringe Gewichtsunterschiede der Enten im Vergleich zu 17 v. H. feststellen. Neuere Untersuchungen von SCOTT und HEUSER (57) an allerdings geringem Tiermaterial zeigen, daß eine erfolgreiche Mast mit 17—19 v. H. Rohprotein möglich ist. In einer kürzlich erschienenen Arbeit konnten SCOTT und Mitarbeiter (58) bei Anwendung von Mischungen mit relativ hohem Energiegehalt einen Rohproteinanteil von 16 v. H. als günstig ermitteln. Das Comittee on Animal Nutrition of the National Research Council in USA gibt in seinen Empfehlungen für die Tierernährung 17 v. H. Rohprotein als Eiweißbedarf für Mastenten an (zitiert bei HEUSER (31)). Die bei uns zur Zeit vorherrschende Ansicht, den Eiweißbedarf der Mastenten dem der Masthähnchen gleichzusetzen, für die FANGAUF und Mitarbeiter (19) einen Rohproteinanteil von 20 v. H. als günstig herausstellten, wird durch die angeführten amerikanischen Arbeiten und auch durch Berichte über die Fütterung in größeren Entenfarmen (37), die auf niedrigere Werte hinweisen, in Frage gestellt.

Die nachfolgenden Untersuchungen dienen zunächst der Ermittlung des notwendigen Rohproteingehaltes, stellen jedoch keine umfassende Studie über den quantitativen Eiweißbedarf dar. Es kam uns in der Hauptsache darauf an, für die später mitgeteilten Versuche einen einheitlichen, den Anforderungen gerecht werdenden Rohproteingehalt gewählt zu haben. Dabei waren wir uns darüber im klaren, daß es praktisch unmöglich ist, Futtermischungen gegenüberzustellen, die sich ausschließlich im Rohproteingehalt und -zusammensetzung unterscheiden. Nach den Hinweisen von BRÜGGEMANN und DREPPER (6) ergibt sich hier die Schlußfolgerung, stets nur eine Beurteilung der verwendeten Gesamtration und nicht nur des Rohproteinanteiles vorzunehmen.

Versuchsplan

In den hier darzustellenden Versuchen kam es uns auf den Vergleich des Futterwertes zweier in Hinsicht auf die Belange der Praxis zusammengestellter Mastmischungen an, die vor allem durch unterschiedlichen Rohproteingehalt gekennzeichnet waren. Als Standardfutter wählten wir ein solches mit 20 v. H. Rohprotein bei 8 v. H. Fischmehl, das dem in der Literatur angegebenen Nährstoffbedarf entsprechen mußte. Das Versuchsfutter enthielt 17 v. H. Rohprotein bei 5 v. H. Fischmehlgehalt. Der 1. Versuch bestand aus 3 gleichwertigen Gruppen (A—C) zu 52 Küken (je 26 Erpel und Enten). Ein 2. Versuch umfaßte 2 Gruppen (D und E) bei einer Anzahl von jeweils 50 Küken (22 Erpel und 28 Enten).

Folgende Futtermischungen wurde in beiden Versuchen verabreicht:

Tabelle 1
Futterzusammensetzung (Angaben als v. H.)

Futtermittel	Kontrollen Gruppe A und D	Versuchsgruppen Gruppen B, C und E
Fischmehl	8	5
Sojaextraktionsschrot	13	7
Trockenhefe	3	3
Weizenschrot	30	34
Gerstenschrot	28	33
Weizenkleie	15	15
Mineralstoffe (Standard)	3	3
	100	100
Rohproteingehalt (Analyse)	20,1	17,1

Die Untersuchungen wurden ergänzt durch Ausschlachtungen von Erpeln und Rohnährstoffbestimmungen des Fleisches.

Versuchsergebnisse

1. Gewichtsentwicklung

Die Daten der Gewichtsentwicklung aus beiden Versuchen sind in Tabelle 2 niedergelegt. Wir ermittelten sie nach Geschlechtern getrennt. Es zeigte sich in allen Fällen eine hochsignifikant bessere Entwicklung der Erpel gegenüber den Enten. Wie die entsprechenden biometrischen Daten zeigen, hat die Herabsetzung des Rohproteinanteiles von 20 v. H. auf 17 v. H. der Ration unter Beibehaltung des Verhältnisses von tierischen zu pflanzlichen Eiweißfuttermitteln und geringfügiger Vermehrung des Weizen- und Gerstenanteiles zu keinerlei Nachteilen in der Entwicklung geführt.

Tabelle 2

Ergebnisse beider Versuche (Angaben in g bzw. als v. H.) (Durchschnittswerte)

	A	B	C	D	E
Einsatzgewicht	160,7	156,1	158,8	141,6	140,5
(8 Tage)	± 3,3	± 3,3	± 3,0	± 3,2	± 3,0
Endgewicht	2466,9	2468,8	2449,1	2463,6	2468,7
Erpelgewicht	2573,8	2548,1	2528,9	2572,3	2563,6
	± 31,6	± 29,7	± 34,3	± 23,8	± 28,6
Entengewicht	2355,6	2383,2	2356,0	2371,7	2394,1
	± 45,1	± 34,4	± 36,7	± 33,9	± 30,0
Erpelanzahl	26	27	28	22	22
Entenanzahl	25	25	24	26	28
Futterverbrauch	9996,1	9967,1	9885,8	9374,1	9325,2
Rohverwertung	4334,4	4309,7	4316,4	4037,1	4005,3

2. Futterverbrauch und -verwertung

Entsprechende Angaben enthält Tabelle 2. Der Futterverbrauch der Tiere des 2. Versuches liegt unter den in Gruppe A—C gemessenen Mengen. Auch die Rohverwertung ist verbessert. Da die Versuche zu verschiedenen Zeitpunkten stattfanden, könnten hinsichtlich dieser Tatsachen jahreszeitliche Einflüsse geltend gemacht werden. Vergleicht man die Gruppen eines Versuches jeweils untereinander, so können wesentliche Unterschiede in der Futterverwertung nicht festgestellt werden. Der Rohproteingehalt von 17 v. H. hat nicht zu ungünstigerer Futterverwertung geführt. Wie entsprechende Berechnungen der Futterkosten ergaben, ist auch vom Standpunkt der Wirtschaftlichkeit der Fütterung aus der Einsatz dieser Futtermischungen gerechtfertigt.

3. Ausschlachtungen

Ausschlachtungen wurden im Anschluß an den ersten Versuch bei 2 Gruppen (A und B) vorgenommen. Die Ergebnisse sind in Tabelle 3 niedergelegt.

Tabelle 3
Ausschlachtungsergebnisse (Durchschnittswerte)

	A	B
Lebendgewicht	2498,5 g	2489,0 g
Anzahl	15	15
Schlachtausbeute	63,16 v. H.	63,99 v. H.
Organanteil	6,05 v. H.	6,02 v. H.
Fettanteil	1,74 v. H.	2,09 v. H.
Gesamtabfall	30,78 v. H.	29,94 v. H.
Schlachtverlust	17,16 v. H.	17,24 v. H.

Aus den hier vorliegenden Ausschlachtungsergebnissen lassen sich mit Unterstützung der entsprechenden biometrischen Berechnungen kaum wesentliche, in ursächlichem Zusammenhang mit der Fütterungsweise stehende Unterschiede in der Beschaffenheit der Erpel herleiten.

4. Fleischuntersuchungen

Beim 1. Versuch wurden je 8 Fleischproben aus Gruppe A und B analysiert (nur N-Gehalt), während von Gruppe D und E jeweils 6 Erpel zur chemischen Untersuchung herangezogen wurden. Die für Trockensubstanz gefundenen Werte sind im Vergleich zu anderen Untersuchungen höher ausgefallen. Eine hinreichende Erklärung kann dafür nicht gegeben werden.

Tabelle 4
Ergebnisse der Fleischanalysen (Angaben als v. H. der Frischsubstanz) (Durchschnittswerte)

Gruppe	N-Gehalt	Rohfett	Trockensubstanz
A	3,21 ± 0,07	—	—
B	3,23 ± 0,04	—	—
D	3,22 ± 0,07	1,64 ± 0,11	29,60 ± 0,38
E	3,24 ± 0,07	1,66 ± 0,07	29,33 ± 0,23

Die Ergebnisse lassen anhand der biometrischen Berechnungen den Schluß zu, daß bei den Stichproben des jeweiligen Versuches keine wesentlich verschiedene Zusammensetzung des Fleisches vorlag. Durch die Herabsetzung des Rohproteingehaltes scheint keine auffallende Veränderung des hier bestimmten Nährstoffgehaltes eingetreten zu sein.

Besprechung der Ergebnisse

Die hier dargestellten Fütterungsversuche bestätigen die von uns geäußerte Ansicht, daß bei Mastenten im Vergleich zu manchen herkömmlichen Vorstellungen eine geringere Eiweißzufuhr auch unter unseren Fütterungsbedingungen genügt. Es besteht somit Übereinstimmung mit den meisten amerikanischen Empfehlungen (31, 37, 57, 58 u. a.). Bemerkenswert scheint uns das Resultat einer Versuchsserie von SCOTT und Mitarbeitern (58) zu sein, bei der sich ergab, daß beim Vergleich mehrerer Gruppen sinkender Energiegehalt der Mischung sowohl bei Aufrechterhaltung eines Rohproteinanteiles von 16 v. H. als auch beim Ansteigen auf 24 v. H. hinsichtlich Gewichtszunahmen und Futterverwertung zu einer mehr oder weniger stark fallenden Tendenz führte. Die Versuchsansteller ziehen aus ihren Untersuchungen den Schluß, daß die Ente hohe Eiweißgaben bei mangelndem Angebot energiehaltiger Stoffe nicht verwerten kann. Vom ökonomischen Standpunkt aus mußte einer Futtermischung mit 16 v. H. Rohprotein und hohem Energiegehalt der Vorrang gegeben werden. Nach dem Studium dieser Arbeit, die uns bedauerlicherweise erst vor kurzem bekannt wurde, gelangen wir zu der Überzeugung, daß es im Hinblick auf die Wirtschaftlichkeit der Mast angebracht zu sein scheint, den Energiegehalt der Diäten bei ausreichendem Rohproteinanteil möglichst hoch zu bemessen. Das hätte unter unseren Verhältnissen zur Folge, besonders rohfaserhaltige Futtermittel zugunsten von Futtergetreide künftig in wesentlich geringeren Mengen den Rationen beizugeben.

Von außerordentlichem Interesse ist die Kenntnis des Einflusses bestimmter Faktoren der Haltung auf den Schlachtwert der Enten. GRAU (27) will die Gesamtbeschaffenheit der geschlachteten Tiere als „Fleischqualität“ definiert haben. Er versteht darunter sowohl anatomische Eigenschaften, die bei der Zerlegung der Tiere von Bedeutung sind, weiterhin die quantitative und qualitative Zusammensetzung des Fleisches, Belange der Fleischverarbeitung u. a. m. Die Gesamtbeschaffenheit des geschlachteten Tieres kann nach GRAU von Rasse, Geschlecht, Alter, Fütterung, Haltung, Schlachtvorgang und anderen Einflüssen verändert werden. Jedoch ist die Wirkung dieser Faktoren auf die Zusammensetzung des Tieres nur z. T. erforscht. Beim Geflügel im allgemeinen und Wassergeflügel im besonderen gibt es in der Literatur nur wenig Berichte über alimentär bedingte Unterschiede des Schlachtwertes, während Ausschlachtungen bei Enten von RAIMO (52), PETERS (51), LEHMANN (41), BÜNGER u. a. (7), BOJARKIN (4) und BROADBEND u. a. (5) in wechselnden, stets geringen Ausmaßen bei anderen Fragestellungen vorgenommen wurden.

Auf Grund unserer Versuchsergebnisse muß angenommen werden, daß vom ernährungsphysiologischen Standpunkt aus das in den Gruppen mit niedrigeren Proteinrationen gebotene Fütterungsregime für ein normales Wachstum des Körpers und der Organe völlig ausreichend war. Ein Vergleich der bei unseren Versuchen gewonnenen Ausschlachtungsdaten ergibt im wesentlichen Übereinstimmung mit den aus der Literatur bekannten.

Über den Stickstoffgehalt des Entenfleisches haben FRANKE und WENIGER (23) berichtet, ohne jedoch das genaue Alter der Tiere anzugeben. Bezogen auf aschefreie Trockensubstanz ergab sich im Durchschnitt ein Wert von 16,01 v. H. Stickstoff, was den in unseren Untersuchungen mit Ausnahme der hier vorliegenden etwa entspricht. Die Gründe für die hier nach Umrechung auf aschefreie Trockensubstanz in beiden Gruppen (D und E) entstehenden höheren N-Gehaltszahlen sind in den hohen Trockensubstanzwerten des Fleisches zu suchen. In bezug auf die Frischsubstanz der Fleischproben ergeben sich aber sowohl innerhalb als auch zwischen den beiden Versuchen sehr gute Übereinstimmungen im N-Gehalt. Der Stickstoffgehalt des Fleisches scheint bei gleichentwickelten Enten, sofern die Mastzeit übereinstimmt, trotz verschiedener Fütterung nur geringfügigen, innerhalb der Fehlergrenzen liegenden Schwankungen unterworfen zu sein.

Die fast übereinstimmenden Durchschnittsdaten bei Rohfett wurden aus Einzelwerten gewonnen, die geringere Schwankungen als später in anderen Versuchen ermittelte aufweisen. Das kann einmal auf von uns nicht erfaßte Unterschiede des Energiegehaltes im Futter oder auf die Belange der Analysentechnik zurückzuführen sein. Es ist kürzlich in der erwähnten Arbeit von FRANKE und WENIGER (23) hervorgehoben worden, daß bei der SOXHLET-Extraktion gewisse Reste an Rohfett in der Substanz verbleiben, die auch bei monatelangem Extrahieren nicht eliminiert werden können. Bei spezieller Behandlung der Restsubstanz durch einen salzsauren Aufschluß mit anschließender 15stündiger Extraktion kann der verbliebene Rohfettanteil bestimmt werden, der unserer Meinung nach wahrscheinlich aus Lipoiden besteht, die beim normalen Ätherauszug nicht erfaßbar sind. Im Durchschnitt mehrerer Geflügelarten (Gans, Ente, Huhn) fanden die genannten Versuchsansteller noch Rohfett in einer Höhe von 0,4 v. H., umgerechnet auf Frischsubstanz. Da wir von dieser Methode keinen Gebrauch mehr machen konnten, ist bei der Beurteilung der Rohfettwerte von Fleischproben dieser Restwert an Rohfett zu berücksichtigen.

B. Versuche über den völligen Ersatz des tierischen Eiweißes durch pflanzliches

Da in der Literatur unterschiedliche Angaben über den Bedarf der Ente an tierischem Protein vorliegen, haben wir uns im folgenden mit der Frage der unentbehrlichen Mengen befaßt. Dabei schien es zunächst zweckmäßig zu sein, Kenntnis über die Entwicklung von Enten bei Verabreichung rein pflanzlicher Futtermischungen zu erhalten. Über ähnliche Fragen arbeitete HOHLS (34) bei Hühnerküken und stellte dabei die physiologischen Zusammenhänge dar. Bezogen auf gleiche Mengen verdauten Futters wird im Vergleich zu einem gemischten Eiweißanteil weniger Körpersubstanz gebildet, da die Ausnutzung des Nahrungseiweißes infolge einer höheren Ausscheidungsquote N-haltiger Stoffe wesentlich geringer als bei Normalernährung ist. Da außerdem bei Hühnerküken der Futterverzehr bei dieser Ernährungsform wesentlich zurückgeht, liegen die Gewichtszunahmen weitaus unter den sonst erreichbaren Werten. Die hier interessierende Frage ist, inwieweit sich diese Erkenntnisse auf die Ernährung von Mastenten übertragen lassen. LEHMANN (42) hat bereits 1929 mitgeteilt, daß bei ausschließlich pflanzlichem Eiweiß unter Verwendung von Sojaflocken, Kokoskuchen und Hefe Mast-Endgewichte in Höhe von rund 95 v. H. der normalen erreicht werden. LEHMANN glaubte, hier die billigste Mast gefunden zu haben. Ähnliche Ergebnisse erhielt auch DOEHL (12). SCOTT und Mitarbeiter (59) haben kürzlich mit Futtermischungen, die nur Sojaextraktionsschrot und geringe Mengen Luzernegrünmehl als Eiweißträger enthielten, bei 16 v. H. Rohprotein die gleiche Entwicklung wie bei Vollernährung beobachtet.

Eine Betrachtung der wenig umfangreichen Literatur zu dieser Fragestellung vermittelt zunächst den Eindruck, daß im Hinblick auf pflanzliche Ernährung nur das biologisch relative hochwertige Sojaextraktionsschrot eine geeignete Eiweißquelle zu sein scheint. Wir haben deshalb in den hier folgenden Versuchen ebenfalls auf diesen Eiweißträger — im derzeitig handelsüblichen Zustand — zurückgegriffen. Von einer Kombination von verschiedenen pflanzlichen Eiweißfuttermitteln im Hinblick auf eine Ergänzungswirkung durch Aminosäurenausgleich mußte wegen des Mangels an geeigneten Extraktionsschroten Abstand genommen werden.

Versuchsplan

In 5 Versuchen stand je eine Gruppe pflanzlich ernährter Tiere einer solchen mit vollwertiger Nahrung gegenüber. Abgesehen vom 1. Versuch (U 2—U 4), der mit ungarischen Entenküken ausgeführt wurde, sind in den übrigen Versuchen amerikanische Pekingenten verwendet worden. Das Futter setzte sich folgendermaßen zu sammen:

Der 1. Versuch umfaßte die Kontrolle U 2 und Gruppe U 4 zu je 70, der 2. Versuch Kontrolle E 18 und Gruppe E 19 zu je 56 Entenküken (zur Hälfte Erpel und Enten). Der 3. Versuch bestand aus Kontrolle E 22 und Gruppe E 23 mit je 22 Erpeln und 28 Enten. Kontrolle E 34 und Gruppe E 35 bildeten zusammen den 4. Versuch, zusammengesetzt aus je 25 Erpeln und 25 Enten. Der 5. Versuch lief mit Kontrolle E 1 und Gruppe E 2 mit jeweils 25 Erpeln und 26 Enten. Ausschlachtungen und Rohnährstoffuntersuchungen des Fleisches ergänzten die Kükenwuchsprüfungen.

Tabelle 5

Futterzusammensetzung (Angaben als v. H.)

Futtermittel	U 2	U 4	E 18 E 22	E 19 E 23	E 34	E 35	E 1	E 2
Fischmehl	5	—	5	—	5	—	8	—
Sojaextraktionsschrot	10	15	7	13	11	18	11	22
Trockenhefe	3	3	3	3	3	3	3	3
Milokorn	10	10	—	—	—	—	—	—
Gerstenschrot	30	30	33	32	31	29	38	35
Weizenschrot	—	—	34	34	12	12	—	—
Haferschrot	24	24	—		—	—	20	20
Maisschrot	—	—	—	—	20	20	—	—
Weizenkleie	15	15	15	15	15	15	15	15
Luzerneblattmehl	—	—	—	—	—	—	2	2
Mineralstoffe	3	3	3	3	3	3	3	3
	100	100	100	100	100	100	100	100
Rohproteingehalt (Analyse)	18,0	16,9	17,1	17,1	17,1	17,1	17,6	20,0

Versuchsergebnisse

1. Gewichtsentwicklung

Die Daten der Gewichtsentwicklung für alle Gruppen enthält Tabelle 6. Nach diesen hier dargestellten Versuchsergebnissen kann es mit Unterstützung der entsprechenden biometrischen Berechnungen als gesichert gelten, daß ausschließliche

Tabelle 6

Ergebnisse der Gruppen (Angaben in g bzw. als v. H.) (Durchschnittswerte)

	U 2	U 4	E 18	E 19	E 22	E 23	E 34	E 35	E 1	E 2
Versuchsbeginn	154,1	153,6	125,3	126,0	140,5	137,3	161,1	163,2	246,3	248,4
	± 2,6	± 2,5	± 1,6	± 1,4	± 3,0	± 2,6	± 2,6	± 2,6	± 5,9	± 4,2
Endgewicht	2126,3	2056,5	2458,6	2331,6	2468,7	2327,7	2623,1	2529,7	2339,7	2230,3
Erpelgewicht	2189,8	2129,3	2510,5	2404,2	2563,6	2358,0	2729,3	2627,3	2398,5	2317,6
	± 29,7	± 27,9	± 29,6	± 42,8	± 28,6	± 61,2	± 44,2	± 38,6	± 36,6	± 47,4
Entengewicht	2065,3	1987,0	2397,9	2261,7	2394,1	2306,7	2532,6	2424,0	2246,9	2103,0
	± 24,9	± 22,9	± 22,1	± 38,5	± 30,0	± 42,0	± 27,4	± 21,8	± 41,5	± 32,9
Erpelanzahl	32	34	30	26	22	20	23	26	24	25
Entenanzahl	35	35	26	27	28	29	27	24	26	25
Futterverbrauch	7397,3	7203,0	9370,8	9231,2	9325,2	9134,6	10969,0	11206,6	8184,3	8101,2
Rohverwertung	3750,8	3785,3	4016,1	4187,1	4005,3	4170,3	4455,3	4735,5	3909,6	4087,6

Verfütterung von Sojaextraktionsschrot als Eiweißquelle neben dem geringen, mehr der Vitaminierung dienenden Hefeanteil eine Wachstumsdepression herbeiführt, die zwar relativ gering, aber immerhin vergleichsweise eine durchschnittlich 5 %ige Gewichtsminderung ergibt und bei derzeitiger Futtermittelqualität unvermeidlich erscheint. Eine Erhöhung des Rohproteinanteiles der pflanzlichen Futtermischung auf 20 v. H. und Beibehaltung von 17 v. H. in der Kontrolle hat keine Steigerung der Gewichtszunahmen erbringen können.

Abgesehen von Gruppe E 23, bei der sich die Differenz von Erpel- und Entengewichten nicht sichern ließ, sind in allen Gruppen beträchtliche, gesicherte Gewichtsunterschiede aufgetreten.

2. Futterverbrauch und -verwertung

Wie aus Tabelle 6 hervorgeht, geht der Futterverzehr bei ausschließlich pflanzlicher Ernährung im allgemeinen zurück, wenn auch in relativ geringem Grade. Die Futterverwertung ist bei pflanzlicher Ernährung übereinstimmend vermindert. Eine Berechnung der entsprechenden relativen Futterkosten ergab, daß der Vorteil geringer Aufwendungen für pflanzliche Eiweißfuttermittel vor allem durch die allgemein verminderte Futterverwertung aufgehoben wird. Diese Fütterungsweise kann vom betriebswirtschaftlichen Standpunkt aus nicht empfohlen werden.

3. Ausschlachtungen

Die Ergebnisse der Ausschlachtungen sind in Tabelle 7 enthalten. Aus technischen Gründen konnten nur Tiere des 1. und 4. Versuches zerlegt werden. Die Befunde bei der Ausschlachtung stimmen insofern nicht völlig überein, als die Tendenz der Ergebnisse für Schlachtausbeute und Organanteil bei verschiedener Ernährung in beiden Untersuchungen unterschiedlich ist, wenn auch in geringem Maße. In Anbetracht der verschiedenen Versuchsbedingungen und des unterschiedlichen Tiermaterials läßt sich deshalb anhand dieser Resultate kaum feststellen, ob pflanzliche Ernährung bei gleichentwickelten Erpeln zu vermindertem Schlachtwert führt. Immerhin war die Schlachtausbeute bei der 2. Ausschlachtung in diesem Falle einfach signifikant herabgesetzt, der Organteil jedoch signifikant erhöht. Die relativ geringe Tierzahl gemahnt jedoch bei der Verallgemeinerung der Befunde zur Vorsicht.

Tabelle 7
Ausschlachtungsergebnisse (Durchschnittswerte)

	U 2	U 4	E 34	E 35
Lebendgewicht	2139,7 g	2126,3 g	2635,8 g	2608,8 g
Anzahl	15	11	10	10
Schlachtausbeute	63,71 v. H.	64,10 v. H.	65,65 v. H.	64,18 v. H.
Organanteil	6,34 v. H.	5,89 v. H.	5,98 v. H.	6,54 v. H.
Fettanteil	nicht ermittelt		2,28 v. H.	2,17 v. H.
Gesamtabfall	29,95 v. H.	30,01 v. H.	28,37 v. H.	29,28 v. H.
Schlachtverlust	16,73 v. H.	16,98 v. H.	15,21 v. H.	16,30 v. H.

4. Fleischuntersuchungen

Zur Rohnährstoffanalyse gelangten je 6 Fleischproben der Gruppen E 18 und E 19. Abgesehen vom Rohfettanteil sind die Mittelwerte von guter Übereinstimmung. Beim Rohfettgehalt zeigt sich bei pflanzlicher Ernährung ein geringerer Durchschnitt, was aber bei der geringen Zahl von Proben noch als zufallsbedingt zu werten ist. Das Fleisch der mit einem Eiweißmangelfutter — im Sinne gänzlichen Fehlens tierischen Proteins — ernährten Erpel kann somit gegenüber dem von gleichentwickelten normal gefütterten Tieren als vollwertig in Hinsicht auf seinen Gehalt an Rohnährstoffen angesehen werden.

Besprechung der Ergebnisse

Nach den Versuchen von LEHMANN (42) konnte mit einem 90—95%igen Wachstumswert der pflanzlichen Ernährung gerechnet werden. Diese Annahme wurde bestätigt. Selbst die Steigerung des Rohproteingehaltes bei pflanzlicher Diät erbrachte keinen besseren Masterfolg. In unseren Versuchen ergab sich in fast allen Fällen eine Erhöhung der relativen Futterkosten bei pflanzlicher Ernährung. Diese Fütterungsweise stellt demnach nicht die billigste Mast dar, wie LEHMANN (42) glaubte. Selbst bei geringeren relativen Futterkosten würde zu beachten sein, daß wegen der mangelnden Gewichtsentwicklung derartig gefütterte Enten bis zum Erreichen einer bestimmten Gewichtsgrenze eine längere Mastzeit benötigen als normal ernährte Tiere. Dadurch erhöhen sich aber die Gesamtgestehungskosten, so daß die durch geringere Futterkosten gegebenen Vorteile zum großen Teil aufgehoben werden dürften.

Die Ausnutzung des Sojaextraktionsschrotes wird bekanntlich von seiner Qualität bestimmt. Durch eine sorgfältige Verarbeitung der bei der Extraktion des Öles anfallenden Rückstände und bestimmter Erwärmung („toasten") wird der in den Sojabohnen gefundene Trypsin-Inhibitor ausgeschaltet und die Verwertung bestimmter Aminosäuren (Cystin und Lysin) gesteigert, was mit der Erhöhung der biologischen Wertigkeit des Sojaschrotes in engem Zusammenhang steht. Es gibt infolge abweichender Provenienzen und Verarbeitungsprozesse aber durchaus beträchtliche Qualitätsunterschiede dieses Eiweißfuttermittels. Das hiesige Angebot erlaubt keinen vollständigen Ersatz des tierischen Proteins durch diese Eiweißquelle, wie es z. B. von SCOTT und Mitarbeitern (59) vorgenommen wurde.

Als einzige limitierende Aminosäure im Sojaextraktionsschrot wird von ALMQUIST (1) Methionin angegeben. Es hat den Anschein, als ob bei diesen Futtermischungen der Mangel an der wichtigen essentiellen Aminosäure mit den Gewichtszunahmen im Zusammenhang steht. Allerdings kann zunächst die Frage, ob gegebenenfalls auch das Fehlen von Wirkstoffen, die im tierischen Eiweiß enthalten sind, für die gleiche Erscheinung als Ursache angenommen werden darf, nicht beantwortet werden. Es wird hierzu anhand der späteren Untersuchungen noch einiges zu bemerken sein.

Die von HOHLS (34) im Hinblick auf pflanzliche Ernährung dargestellten physiologischen Zusammenhänge, die bereits erläutert wurden, haben demnach offenbar auch für Enten Bedeutung. Als Besonderheit scheint der Rückgang des Futterverzehrs wesentlich geringere Ausmaße als bei Hähnchen anzunehmen.

Sichere Aussagen über eine nachteilige Beeinflussung des Schlachtwertes bei pflanzlicher Ernährung sind bei der hier gegebenen Gegenüberstellung gleichentwickelter Tiere kaum möglich. Der Eiweißgehalt des Fleisches erweist sich bei gleichentwikkelten Tieren als nicht abhängig von der biologischen Wertigkeit der verwendeten Futtermittel. Letztere ist zwar Anlaß für eine geringere Körpersubstanzbildung bei pflanzlicher Ernährung — die BW ist bekanntlich definiert durch den Prozentsatz verdauten Futters, der tatsächlich in Körpersubstanz umgebildet wird — auf deren qualitative Zusammensetzung nimmt die gegebene Nahrung aber allem Anschein nach keinen Einfluß.

C. Untersuchungen über den teilweisen Ersatz des üblichen tierischen Eiweißanteiles durch pflanzliches Protein

Wie die vorstehenden Untersuchungen andeuten, ist unter derzeitigen Fütterungsbedingungen augenscheinlich eine bestimmte Quantität tierischen Proteins unerläßlich. Die Ansichten über die erforderlichen Mengen tierischen Proteins sind aber sehr unterschiedlich. Für Hähnchenmastmischungen empfehlen u. a. FANGAUF und Mitarbeiter (19) 10 v. H. tierische Eiweißfuttermittel bei einem Rohproteingehalt des Futters von 20 v. H. HOHLS (34) will bei wachsenden Küken 8 v. H. tierisches Protein (12,7 v. H. Dorschmehl) als auch vom ökonomischen Standpunkt günstigsten Anteil herausgestellt haben. Ähnlich hohe Werte erhielten HAMLYN und Mitarbeiter (28) für Enten, ohne allerdings die Möglichkeit eines weiteren als 5%igen Entzuges von tierischen Eiweißfuttermitteln und Ersatz durch pflanzliche zu überprüfen. Es wurde bereits betont, daß die älteren Ansichten der LEHMANN-schen Schule über die Eiweißmengen bei Enten kaum noch zu unseren derzeitigen Gegebenheiten in Beziehung zu bringen sind. Immerhin hat LEHMANN (41) selbst durch einen Versuch auf die Möglichkeit einer Einsparung von tierischen Eiweißfuttermitteln aufmerksam gemacht. DOEHL (12) betont, daß 5 v. H. tierische Eiweißfuttermittel auch bei Zusatz von Betapan die unterste Grenze darzustellen scheinen. SCOTT und HEUSER (57) erreichten mit 5 v. H. tierischen Eiweißfuttermitteln (Magermilchpulver) die gleiche Gewichtsentwicklung wie mit 7 bzw. 9 v. H. (5 v. H. Magermilchpulver, 2 bzw. 4 v. H. Fischmehl). Jedoch war die Futterverwertung bei dem 4%igen Fischmehlzusatz verbessert. SCOTT und Mitarbeiter (59) haben neuerdings bei einem Rohproteingehalt von rund 16 v. H. und pflanzlicher Ernährung durch Zulage von 7,5 v. H. Fischmehl wider Erwarten keine Vorteile im Hinblick auf die Gewichtszunahmen feststellen können, und diese Fütterung erwies sich als unwirtschaftlich. In den von HURD (37) vorgeschlagenen Mischungen sind 5 v. H. tierische Eiweißfuttermittel enthalten.

In unseren Versuchen kam es darauf an, durch Versuche mit gestaffelten Anteilen von Fischmehl Aussagen über den zweckmäßigen Einsatz tierischen Proteins bei Enten zu erhalten. Unsere Untersuchungen mußten wir ausschließlich mit Fischmehl vornehmen, dessen günstige Wirkung auf das Entenwachstum hinreichend bekannt ist. Von verschiedenen Autoren sind aber auch Versuche über die Eignung anderer tierischer Eiweißfuttermittel ausgeführt worden (7, 41, 53, 54, 57 u. a.). Die technischen Gegebenheiten erlaubten es nicht, alle theoretisch möglichen Fütterungsvarianten in der Staffelung tierischer Eiweißfuttermittel versuchsmäßig zu erfassen.

1. Versuch

Versuchsplan

Dieser Versuch wurde mit 4 Gruppen ausgeführt und war die erste unserer Kükenwuchsprüfungen überhaupt. Eine Geschlechtssortierung fand erst bei Abschluß der Untersuchung statt. Die deshalb zwischen den Gruppen schwach divergierende Erpel- und Entenanzahl wird bei der Auswertung des Versuches gebührend berücksichtigt. Wir begannen mit 14 Tage alten Küken. Einer Kontrollgruppe U 1 standen 3 Versuchsgruppen gegenüber, wobei alle Gruppen 70 Küken der Rasse „Ungarische Landenten im Pekingtyp“ umfaßten. Nachstehende Futtermischungen kamen zum Einsatz.

Trotz des in Gruppe U 5 gegebenen vermehrten Rohproteinanteiles und des damit schwierigeren Gruppenvergleiches schienen uns die Versuchsresultate aufschlußreich genug zu sein, um sie trotzdem bei der Auswertung entsprechend zu berücksichtigen. Sämtliche Gruppen erhielten täglich gleiche, jedoch nur 10—15 g messende Mengen an Grünfutter.

Tabelle 8

Futterzusammensetzung (Angaben als v. H.)

Futtermittel	U 1	U 2	U 3	U 5
Fischmehl	8	5	2	15
Sojaextraktionsschrot	7	10	13	—
Trockenhefe	3	3	3	3
Milokorn	10	10	10	10
Gerstenschrot	30	30	30	30
Haferschrot	24	24	24	24
Weizenkleie	15	15	15	15
Mineralstoffe	3	3	3	3
	100	100	100	100
Rohproteingehalt (Analyse)	18,7	18,0	18,2	19,8

Versuchsergebnisse

1. Gewichtsentwicklung

Die Daten der Gewichtsentwicklung sind in Tabelle 9 niedergelegt. Die im allgemeinen erreichten Gewichte sind im Hinblick auf das verwendete Tiermaterial als angemessen zu betrachten. Es kann festgestellt werden, daß die Mastendgewichte der Tiere weitaus weniger von der Futterzusammensetzung abhängig sind, als wir zunächst annehmen mußten. Die statistische Sicherheit ist nicht hoch genug, um Unterschiede zwischen den Gruppen bei den einzelnen Geschlechtern nachweisen zu wollen. Dagegen ermittelten wir eine signifikante bis hochsignifikante Differenz der Endgewichte von Erpeln und Enten. Die Resultate dieses Versuches bestärkten uns in der Gewißheit, daß der Fischmehlanteil, über den hinaus keine höheren Gewichtszunahmen zu erwarten sind, bei Enten mit einem Niveau von 5 v.H. erreicht zu sein scheint.

Tabelle 9

Ergebnisse der Gruppen (Angaben in g bzw. als v. H.) (Durchschnittswerte)

	U 1	U 2	U 3	U 5
Versuchsbeginn	154,5	154,1	156,6	156,2
	± 2,3	± 2,6	± 2,8	± 2,8
Endgewicht	2103,6	2126,3	2101,5	2147,7
Erpelgewicht	2182,0	2189,8	2204,4	2219,3
	± 29,7	± 29,7	± 29,7	± 23,3
Entengewicht	2052,0	2065,3	2012,6	2042,9
	± 28,7	± 24,9	± 23,5	± 35,3
Erpelzahl	27	32	32	32
Entenanzahl	41	35	37	28
Futterverbrauch	7080,9	7397,3	7350,0	7030,5
Rohverwertung	3632,9	3750,8	3779,1	3530,3

2. Futterverbrauch und -verwertung

Die Angaben über den durchschnittlichen Futterverbrauch sind in Tabelle 9 angeführt. Bei der Auswertung dieser Daten ist das bei Versuchsabschluß gefundene unterschiedliche Geschlechtsverhältnis zu berücksichtigen. Der Futterverzehr der Gruppen U 2 und U 3 weist fast keine Unterschiede auf. Bei über 5 v. H. steigenden Fischmehlgaben wird jedoch offenbar weniger Futter aufgenommen, wie die Zahlen der Gruppen U 1 und U 5 belegen. Dabei kommt für Gruppe U 5 noch der Umstand hinzu, daß hier eine wesentlich größere Erpelanzahl vorliegt, so daß der absolute Futterverbrauch dieser Gruppe — einen höheren Verzehr der Erpel vorausgesetzt — vergleichsweise allein durch dieses Faktum hätte ansteigen können. Diese Gruppe dürfte damit die günstigsten Werte aufweisen.

Die Daten über die durchschnittliche Rohverwertung zeigen die interessante Tatsache, daß bei Herabsetzung des Fischmehlanteiles und gleichzeitig erhöhtem Anteil an Sojaschrot der Futterverzehr je Einheit Gewichtszuwachs anzusteigen scheint. Die bereits hinsichtlich des Futterverzehrs gemachten Einschränkungen haben auch für die Rohverwertung Geltung.

Die verschiedenen Preise für tierische und pflanzliche Eiweißfuttermittel einerseits und der von der Höhe des tierischen Eiweißanteiles offenbar abhängige Futterverbrauch andererseits bedingen bei den einzelnen Gruppen je 1 kg Gewichtszuwachs Futterkosten, die sich kaum unterscheiden.

3. Ausschlachtungen

Ausschlachtungen wurden bei 14 bis 15 Erpeln in allen Gruppen vorgenommen. Die Ergebnisse sind in Tabelle 10 niedergelegt. Aus diesen Resultaten geht mit Unterstützung der entsprechenden biometrischen Berechnungen hervor, daß Zusammenhänge zwischen Fütterungsweise und Schlachtqualität nicht zu bestehen scheinen. Der bei extremer Dosierung von 15 v. H. Fischmehl geringfügig verminderte Anteil verwertbarer Organe liegt noch innerhalb der Fehlergrenzen.

Tabelle 10

Ausschlachtungsergebnisse (Durchschnittswerte)

	U 1	U 2	U 3	U 5
Lebendgewicht	2117,9 g	2139,7 g	2134,1 g	2123,9 g
Anzahl	14	15	15	15
Schlachtausbeute	63,55 v. H.	63,71 v. H.	63,69 v. H.	64,54 v. H.
Organanteil	6,15 v. H.	6,34 v. H.	6,08 v. H.	5,91 v. H.
Gesamtabfall	30,30 v. H.	29,95 v. H.	30,24 v. H.	29,55 v. H.
Schlachtverlust	16,90 v. H.	16,83 v. H.	16,92 v. H.	16,02 v. H.

2. Versuch

Versuchsplan

Zur Bestätigung der gefundenen Ergebnisse wurden Wiederholungsversuche angesetzt. In der hier zu schildernden Untersuchung überprüften wir noch einmal die Möglichkeit der Herabsetzung des Fischmehlanteiles von 8 v. H. auf 5 v. H. der

Ration. Es waren 2 Gruppen gegenübergestellt, die jeweils 53 Tiere (28 Enten und 25 Erpel) enthielten. Die Untersuchung begann mit 8 Tage alten Küken. Folgende Futtermischungen standen bereit:

Tabelle 11
Futterzusammensetzung (Angaben als v. H.)

Futtermittel	E 38	E 39
Fischmehl	8	5
Sojaextraktionsschrot	7	11
Trockenhefe	3	3
Gerstenschrot	32	31
Weizenschrot	12	12
Maisschrot	20	20
Weizenkleie	15	15
Mineralstoffe	3	3
	100	100
Rohproteingehalt (Analyse)	17,2	17,1

Diese Kükenwuchsprüfung wurde durch eine Ausschlachtung und eine Rohnährstoffbestimmung des Fleisches ergänzt.

Versuchsergebnisse

1. Gewichtsentwicklung

Die in Tabelle 12 dargestellte Gewichtsentwicklung läßt mit Unterstützung der entsprechenden biometrischen Berechnungen den Schluß zu, daß die Herabsetzung des Fischmehlanteiles von 8 v. H. auf 5 v. H. bei gleichbleibendem Rohproteingehalt keine nachteiligen Wirkungen auf das Wachstum der Tiere ausübt. Die Differenzen der Mittelwerte zwischen den Gruppen sind in keinem Falle als signifikant anzusehen. Damit werden die Resultate des 1. Versuches bestätigt. Der Unterschied zwischen den Durchschnittsgewichten von Erpeln und Enten jeder Gruppe ist wiederum von bedeutendem Ausmaß.

Tabelle 12
Ergebnisse des Versuches (Angaben in g bzw. als v. H.)
(Durchschnittswerte)

	E 38	E 39
Einsatzgewicht	138,1	138,0
	± 2,0	± 2,0
Endgewicht	2648,4	2666,7
Erpelgewicht	2763,1	2736,9
	± 34,8	± 28,4
Entengewicht	2550,0	2599,1
	± 23,2	± 42,1
Erpelanzahl	24	26
Entenanzahl	28	27
Futterverbrauch	10511,8	10396,6
Rohverwertung	4187,8	4111,8

2. Futterverbrauch und -verwertung

Beim Futterverbrauch muß der Unterschied der Gruppenmittel bei der hier gewählten Versuchsanordnung als unbedeutend angesehen werden. Die im 1. Versuch bei Verfütterung größerer Fischmehlgaben schwach verbesserte Futterverwertung ist hier nicht wieder erreicht worden. Die Daten der Rohverwertung sind nur von durchschnittlichem Niveau. Da der Versuch im März angesetzt wurde, mag die frühe Jahreszeit einen Einfluß auf die Futterausnutzung ausgeübt haben. Die Mast der Enten bei einem Futter mit 5 v. H. Fischmehl (3 v. H. tierisches Rohprotein) kann auch in Hinsicht auf die Wirtschaftlichkeit der Fütterung als gerechtfertigt angesehen werden.

3. Ausschlachtungen

Über die Ergebnisse der Ausschlachtungen gibt die Tabelle 13 Auskunft. Die hier gefundenen Durchschnittswerte beider Stichproben sind im allgemeinen von guter Übereinstimmung. Zusammenhänge zwischen der Höhe des tierischen Eiweißanteiles im Futter und bestimmten, den Schlachtwert verändernden Merkmalen sind nicht gegeben.

Tabelle 13

Ausschlachtergebnisse (Durchschnittswerte)

	E 38	E 39
Lebendgewicht	2638,3 g	2664,3 g
Anzahl	10	10
Schlachtausbeute	65,60 v. H.	65,42 v. H.
Organanteil	6,08 v. H.	5,97 v. H.
Fettanteil	2,06 v. H.	1,94 v. H.
Gesamtabfall	28,32 v. H.	28,61 v. H.
Schlachtverlust	15,48 v. H.	15,41 v. H.

4. Fleischuntersuchungen

Die Ergebnisse der Fleischuntersuchungen sind in Tabelle 14 festgehalten. Aus jeder Gruppe wurde Fleisch von 6 Erpeln analysiert. Bemerkenswerte Veränderungen im Rohnährstoffgehalt des Entenfleisches konnten bei Herabsetzung des tierischen Eiweißanteiles nicht beobachtet werden.

Tabelle 14

Ergebnisse der Fleischanalysen (Angaben als v. H. der Frischsubstanz) (Durchschittswerte)

Gruppe	N-Gehalt	Rohfett	Trockensubstanz
E 38	$3{,}09 \pm 0{,}03$	$2{,}19 \pm 0{,}09$	$24{,}65 \pm 0{,}17$
E 39	$3{,}01 \pm 0{,}04$	$2{,}54 \pm 0{,}19$	$24{,}57 \pm 0{,}25$

3. und 4. Versuch

Versuchsplan

Nachdem sich in den bereits ausgeführten Untersuchungen erwiesen hatte, daß 5 v. H. Fischmehl in der Ration den Nährstoffansprüchen der Mastenten gerecht zu werden vermag und die versuchstechnischen Belange eine weitgehende Ausnutzung des Raumes und des Tiermaterials verlangten, wurde bei den folgenden Kükenwuchsprüfungen eine Kontrollmischung mit 5 v. H. Fischmehl eingesetzt. Die Versuchsgruppe erhielt eine Diät mit 3 v. H. Fischmehl bei einem Rohproteingehalt von annähernd 17 v. H. Die Futterzusammensetzung war die folgende:

Tabelle 15

Futterszusammensetzung (Angaben als v. H.)

Futtermittel	E 25, E 31	E 26, E 32
Fischmehl	5	3
Sojaextraktionsschrot	7	10
Trockenhefe	3	3
Gerstenschrot	33	33
Weizenschrot	34	33
Weizenkleie	15	15
Mineralstoffe	3	3
	100	100
Rohproteingehalt (Analyse)	16,8	16,8
Tierisches Eiweiß	2,8	1,7

Die beiden Untersuchungen dauerten jeweils 8 Wochen. Die Gruppen umfaßten 25 Erpel und 25 Enten. Im Anschluß an die Kükenwuchsprüfungen fanden Ausschlachtungen und Fleischuntersuchungen statt.

Versuchsergebnisse

1. Gewichtsentwicklung

Beide Versuche erbrachten ein in der Tendenz übereinstimmendes Ergebnis: Die tierische Eiweißmangeldiät führte im allgemeinen nicht zur vollen Entwicklung der Tiere. Die mathematisch-statistische Auswertung ergab jedoch keine Nachweise einer Signifikanz der Gewichtsunterschiede. Dagegen sind zwischen den Geschlechtern der einzelnen Gruppen hochsignifikante Differenzen der Endgewichte eingetreten. Eine Herabsetzung des tierischen Rohproteinanteiles auf 1,7 v. H. (3 v. H. Fischmehl) scheint sich somit offenbar in einer zwar nur unwesentlich verminderten Gewichtsentwicklung zu manifestieren, die aber andeutet, daß der tierische Eiweißbedarf von Mastenten bei dieser Ernährungsform kaum noch als gesichert anzusehen ist.

Tabelle 16

Ergebnisse der Versuche (Angaben in g bzw. als v. H.) (Durchschnittswerte)

	E 25	E 26	E 31	E 32
Einsatzgewicht	177,5	173,9	174,3	176,6
	±2,2	±2,1	±2,3	±2,4
Endgewicht	2441,4	2392,7	2328,9	2319,2
Erpelgewicht	2533,2	2462,9	2442,2	2403,9
	±38,4	±35,6	±28,6	±30,4
Entengewicht	2345,5	2325,2	2224,8	2223,5
	±29,1	±28,1	±36,0	±18,1
Erpelanzahl	24	24	23	26
Entenanzahl	23	25	25	23
Futterverbrauch	9205,1	9186,3	9499,3	9485,8
Rohverwertung	4066,0	4140,2	4408,8	4427,2

2. Futterverbrauch und -verwertung

Den geringfügig verminderten Gewichtszunahmen der Mangelgruppen entspricht auch eine ähnliche Tendenz im Gesamtfutterverbrauch. Für die Rohverwertung ergeben sich in beiden Fällen nur wenig ungünstigere Werte als in den Kontrollgruppen. Aus diesem Grunde sind die relativen Futterkosten in den Gruppen eines Versuches annähernd gleich.

3. Ausschlachtungen

Die in Tabelle 17 mitgeteilten Ausschlachtungsergebnisse zeigen nur geringfügige Differenzen zwischen den einzelnen Stichproben eines Versuches.

Tabelle 17

Ausschlachtungsergebnisse (Durchschnittswerte)

	E 25	E 26	E 31	E 32
Lebendgewicht	2414,8 g	2404,6 g	2336,5 g	2318,8 g
Anzahl	15	14	10	10
Schlachtausbeute	63,23 v. H.	63,42 v. H.	63,75 v. H.	64,33 v. H.
Organanteil	6,42 v. H.	6,11 v. H.	6,05 v. H.	5,93 v. H.
Fettanteil	1,58 v. H.	1,78 v. H.	1,60 v. H.	2,02 v. H.
Gesamtabfall	30,35 v. H.	30,55 v. H.	30,20 v. H.	29,85 v. H.
Schlachtverlust	16,74 v. H.	16,51 v. H.	16,30 v. H.	17,17 v. H.

4. Fleischuntersuchungen

Auch bei diesen Versuchen konnte kein Einfluß der unterschiedlichen tierischen Eiweißmenge im Futter auf den Rohnährstoffgehalt des Fleisches nachgewiesen werden.

Tabelle 18
Ergebnisse der Fleischanalysen (Angaben als v. H. der Frischsubstanz)
(Durchschnittswerte)

Gruppe	N-Gehalt	Rohfett	Trockensubstanz
E 25	3,16 ± 0,05	1,61 ± 0,22	26,25 ± 0,80
E 26	3,13 ± 0,05	1,63 ± 0,22	26,13 ± 0,93
E 31	3,27 ± 0,04	1,71 ± 0,19	23,70 ± 0,39
E 32	3,34 ± 0,05	1,86 ± 0,14	24,35 ± 0,14

Besprechung der Versuche

Die Versuche seien zusammenfassend kurz betrachtet. Ein bestimmtes Quantum tierisches Protein scheint für die normale Entwicklung der Mastenten offenbar eine conditio sine qua non darzustellen. Nach unseren Untersuchungen kann der tierische Eiweißbedarf bei 5 v. H. Fischmehl (2,7—2,8 v. H. tierisches Rohprotein) als gesichert gelten. Diese Ansicht wird auch durch die zu Beginn unserer Arbeit dargestellten Versuchsergebnisse der Gruppen A—E gestützt. Die Ergänzungswirkung von Fischmehl auf eine Soja-Getreide-Mischung scheint bei 5 v. H. Fischmehl bereits erschöpft zu sein. Höhere Gaben Fischmehl wären in Hinsicht auf die Wirtschaftlichkeit der Fütterung nur bei wesentlich verbesserter Futterverwertung gerechtfertigt, die jedoch in unseren Versuchen nur z. T. angedeutet ist. Auch SCOTT und Mitarbeiter (59) konnten in einer neueren Arbeit bei Zulage von 7,5 v. H. Fischmehl zu einer pflanzlichen Futtermischung keine wesentlich günstigere Futterverwertung feststellen.

Die merkwürdige Tatsache, daß 2 v. H. Fischmehl im Versuch mit ungarischen Enten kaum einen wachstumsbegrenzenden Faktor darzustellen schienen, während 3 v. H. Fischmehl in den anderen Versuchen im allgemeinen zu geringen Entwicklungshemmungen führte, ist nicht ohne weiteres zu deuten. Von uns werden als mögliche Ursache Qualitätsschwankungen der Futtermittel, Änderung der Futterzusammensetzung und die unterschiedliche Körperentwicklung in Erwägung gezogen. Der Schlachtwert der Erpel und der Rohnährstoffgehalt des Fleisches erfahren durch die verschiedenen Ernährungsformen keine meßbare Veränderung.

D. Die Ergänzung der Futtermischungen mit bestimmten Futterzusätzen zur Aufwertung des Eiweißes

a) Vitamin B_{12}-Präparate

Im Hinblick auf die verschiedenen Deutungen des wirksamen Prinzipes von Fischmehl hielten wir eine Ergänzung von Mangeldiäten mit Vitamin B_{12}-Präparaten oder der essentiellen Aminosäure Methionin sowie einer Kombination beider für angezeigt.

Die immense Bedeutung des Vitamins B_{12} für die Tierernährung ist heute unumstritten (14, 49, 61, 75, 77). Die günstigsten nutritiven Effekte erbringen natürliche Vitamin B_{12}-Träger. Seit den Versuchen von STAHL und FRIEDRICH (68) über die Verfütterung von Fischbrühe an Schweine hat die Bedeutung der Fischpreßwässer (fish solubles), die in Form verschiedener handelsüblicher Präparate verfügbar sind, bedeutend zugenommen. Es nimmt nicht wunder, daß die bisherigen, uns bekannten Untersuchungen bei Enten mit derartigen Präparaten ausgeführt wurden (12, 47, 48, 58, 59). Die Ergebnisse dieser Arbeiten zeigen keine einheitlichen Ergebnisse. Die bei Hühnerküken durch entsprechende Futterzusätze zum großen Teil eintretende Wachstumsstimulation (74, 75, 76) scheint bei Enten nur schwach ausgeprägt zu sein.

Wir stellten zwei Versuche über die Eignung eines Zusatzes von Betamehl + B_{12}-Mycel bzw. Betamehl allein an. Der zur Verfügung stehende Raum erlaubt hier nur eine kurze Zusammenfassung der Resultate. Die Supplementierung einer pflanzlichen und einer tierischen Eiweißmangeldiät mit den verschiedenen Betamehlen hat sich in unseren Untersuchungen als wenig vorteilhaft erwiesen. Besonders die beim ersten Versuch im Vergleich zur Kontrolle achtmal höhere Vitamin B_{12}-Anreicherung der pflanzlichen Futtermischung scheint ohne bedeutsame Vorteile geblieben zu sein. Es steht dies im Einklang zu Versuchen von DOEHL (12) sowie von SCOTT und Mitarbeitern (58, 59), während MÜLLER (47) sowie MÜLLER und HEIDENREUTER (48) den Einsatz ähnlicher Präparate in der Entenmast für angebracht halten.

Während für Hühnerküken bereits bestimmte Bedarfsnormen für Vitamin B_{12} erarbeitet wurden (10 u. a.), sind entsprechende Ermittlungen bei Jungenten unseres Wissens bisher nicht vorgenommen worden. Immerhin gibt FERRANDO (21) für die Vitaminierung bei Jungenten einen Gehalt von 0,02—0,03 mg/kg Futter an. Wir neigen zu der Ansicht, auch in Anbetracht der Arbeit von SAHASHI und Mitarbeitern (56), daß die Ente einen von anderen Geflügelarten abweichenden Vitamin B_{12}-Bedarf haben dürfte, wie das bereits auch bei Putenküken als geklärt gelten kann (16). In diesem Zusammenhang ist von Interesse, daß auch die bekannten Antibiotika bei Enten im allgemeinen zu keinerlei Wachstumssteigerungen führen.

b) Methionin

Nachdem sich in den vorhergehenden Untersuchungen eine Supplementierung einer pflanzlichen und tierischen Eiweißmangeldiät mit Betamehl als relativ wirkungslos erwies, lag es nahe, diesen Futtermischungen in Hinsicht auf eine Ergänzung des Proteins synthetisches Methionin zuzusetzen[1].

Ernährungsphysiologische Untersuchungen über den Methioninbedarf von Jungenten sind bisher nur von DEMERS und BERNARD (11) ausgeführt worden. Diese Autoren kommen anhand ihrer wenig umfassenden Studien zu dem Schluß, daß der Methioninbedarf bei Jungenten 0,5 v. H. der Diät beträgt, sofern 0,4 v. H. Cystin vorhanden sind. Es ist bekannt, daß der Methioninbedarf von verschiedenen Faktoren abhängig ist (1, 15, 17, 55, 62, 66). Nach Beginn unseres ersten Ver-

[1] Für die Überlassung von Methionin „Futtermittelqualität“ sei der Deutschen Gold- und Silberscheideanstalt (DEGUSSA), Frankfurt/M. besonders gedankt.

suches erfuhren wir von ähnlichen Untersuchungen, die SCOTT und Mitarbeiter (59) veröffentlichten. Diese Autoren konnten jedoch keinen sicheren Effekt dieses Supplementes nachweisen, was offenbar auf die zu geringe Dosierung zurückzuführen ist.

Hier wird von 3 Versuchen berichtet, von denen aber aus Raummangel nur die beiden letzten näher beschrieben werden können.

1. Versuch

Die erste Methionin-Supplementierung wurde bei einer Futtermischung mit ausschließlich pflanzlichem Eiweiß vorgenommen, bei der Methionin als limitierende Aminosäure angenommen werden muß (1). Methionin wurde zunächst in der zur Zeit üblichen, bei FANGAUF und Mitarbeitern (20) benutzten Dosierung von 0,05 v. H. dem Futter beigemischt.

Die hier angewandte Supplementierung des Futters reicht offenbar nicht aus, um einen vollen Masterfolg zu sichern. Gewichtszunahmen und Futterverwertung bleiben unter den entsprechenden Werten der Kontrolltiere. Es besteht die Möglichkeit, daß die hier angewandte Methionindosierung bei pflanzlicher Nahrung nur eine unzureichende Ergänzung des Proteins herbeiführt und den Methioninbedarf der Enten noch nicht völlig sichern kann. Andererseits ist es aber auch nicht ausgeschlossen, daß zum Erreichen des normalen Masterfolges außerdem bestimmte, nur im tierischen Eiweiß enthaltene Wirkstoffe benötigt werden. Zu diesen offenen Fragen wurden die nächsten Versuche angesetzt.

2. Versuch

Versuchsplan

In diesem Versuch wurde eine tierische Eiweißmangeldiät mit der im 1. Versuch angewandten Dosierung supplementiert (0,05 v. H.) in der Erwartung, damit das Protein dieser Futtermischung voll aufzuwerten, da man auch hier Methionin als limitierende Aminosäure anzunehmen hat.

Tabelle 19

Futterzusammensetzung (Angaben als v. H.)

	E 25	E. 26	E 27
Fischmehl	5	3	3
Sojaextraktionsschrot	7	10	10
Trockenhefe	3	3	3
Gerstenschrot	33	33	33
Weizenschrot	34	33	34
Weizenkleie	15	15	15
Mineralstoffe	3	3	3
	100	100	100
Rohproteingehalt (Analyse)	16,8	16,8	16,8
Tierisches Protein	2,8	1,7	1,7
Methionin (Tabellenwerte)	0,28	0,26	0,26 + 0,05

Die 8 Tage alten Küken des 3 Gruppen umfassenden Versuches enthielten 50 gleichentwickelte Tiere, Erpel und Enten zu gleichen Teilen. Eine Ausschlachtung und Rohnährstoffbestimmungen des Fleisches ergänzten die Untersuchungen. Die Futterzusammensetzung ist in Tabelle 19 angegeben.

Versuchsergebnisse

1. Gewichtsentwicklung

In Hinsicht auf den Masterfolg hat sich in diesem Versuch der Methionin-Zusatz als vorteilhaft erwiesen. Im Vergleich zur Mangelgruppe ist bei den Erpeln der Versuchsgruppe E 27 ein signifikant höheres Gewicht erzielt worden, während die Gewichtssteigerung bei den Enten geringer war. Das der Kontrolle gegenüber um durchschnittlich 1,7 v. H. höhere Gewicht der Versuchsgruppe kann noch als zufällige Schwankung angesehen werden. Die Differenzen zwischen den Erpel- und Entengewichten jeder Gruppe konnten in allen Gruppen wiederum statistisch gesichert werden.

Tabelle 20

Ergebnisse der Gruppen (Angaben in g bzw. als v. H.) (Durchschnittswerte)

	E 25	E 26	E 27
Versuchsbeginn	177,5 ±2,2	173,9 ±2,1	175,3 ±1,7
Endgewicht	2441,4	2392,7	2482,2
Erpelgewicht	2533,2 ±38,4	2462,9 ±35,6	2583,7 ±32,2
Entengewicht	2345,5 ±29,1	2325,2 ±28,1	2392,5 ±35,6
Erpelanzahl	24	24	23
Entenanzahl	23	25	26
Futterverbrauch	9205,1	9186,3	9387,7
Rohverwertung	4066,0	4140,2	4069,4

2. Futterverbrauch- und verwertung

Der bei den Gewichtszunahmen gegebenen Tendenz entspricht auch der Futterverbrauch. Die Futterverwertung der Methionin-Gruppe ist der in der Kontrolle erreichten völlig entsprechend. Die im 1. Versuch bei supplementierter pflanzlicher Diät gefundene, wenn auch schwach ausgeprägte Verbesserung der Futterverwertung ist auch in diesem Versuch aufgetreten.

3. Ausschlachtungen

Die in Tabelle 21 aufgeführten Durchschnittswerte der Ausschlachtungen sind im wesentlichen relativ einheitlich ausgefallen. Die Methionin-Gruppe weist der Kontrolle, nicht jedoch der Mangelgruppe gegenüber einen signifikant höheren Fettanteil auf, was aber bei der großen Schwankungsbreite der Einzelwerte und mäßigen Erpelanzahl trotz statistischer Sicherung noch von der Auswahl der Schlachttiere her bedingt sein kann.

Tabelle 21

Ausschlachtungsergebnisse (Durchschnittswerte)

	E 25	E 26	E 27
Lebendgewicht	2414,8 g	2404,6 g	2437,0 g
Anzahl	15	14	11
Schlachtausbeute	63,23 v. H.	63,42 v. H.	63,76 v. H.
Organanteil	6,42 v. H.	6,11 v. H.	6,22 v. H.
Gesamtabfall	30,35 v. H.	30,55 v. H.	30,03 v. H.
Schlachtverlust	16,74 v. H.	16,51 v. H.	16,74 v. H.
Fettanteil	1,58 v. H.	1,78 v. H.	2,05 v. H.

4. Fleischuntersuchungen

Wie die Tabelle 22 zeigt, sind die Ergebnisse der Fleischuntersuchungen auch in diesem Versuch von übereinstimmendem Niveau. Veränderungen in der Fleischzusammensetzung konnten weder bei Herabsetzung des tierischen Eiweißanteiles noch bei der Methionin-Supplementierung festgestellt werden.

Tabelle 22

Ergebnisse der Fleischanalysen (Angaben als v. H. der Frischsubstanz) (Durchschnittswerte)

Gruppe	N-Gehalt	Rohfett	Trockensubstanz
E 25	3,16 ± 0,05	1,61 ± 0,22	26,25 ± 0,80
E 26	3,13 ± 0,05	1,63 ± 0,22	26,13 ± 0,93
E 27	3,22 ± 0,04	1,33 ± 0,09	26,47 ± 1,07

3. Versuch

Versuchsplan

Nachdem im 1. Versuch bei Zusatz von 0,05 v. H. Methionin zu einem pflanzlichen Futter keine ausreichende Entwicklung zu verzeichnen war, lag es nahe, die Dosierung des Methionins zu erhöhen. Da die Ergebnisse des 2. Versuches noch nicht zeigen, ob die bei einer tierischen Eiweißmangeldiät durch Methioninzulage erreichte Wachstumsstimulation nur dem Methionin oder anderen, durch Methionin aktivierten Wachstumsfaktoren des Fischmehls zuzuschreiben ist, ergänzten wir für eine weitere Gruppe das pflanzliche Futter mit 0,1 v. H. Methionin und dem Vitamin B_{12}-haltigen Betamehl. Dabei hofften wir, gegebenenfalls indirekt Hinweise über das wirksame Prinzip von Fischmehl bei der Ernährung von Mastenten zu erhalten. Die Zusammensetzung der Futtermischungen war die in Tabelle 23 angegebene.

Der Versuch begann mit 8 Tage alten Küken. Der Kontrollgruppe E 34 standen 3 Gruppen gegenüber, wobei für jede Gruppe 50 Küken Verwendung fanden (25 Erpel und Enten).

Tabelle 23
Futterzusammensetzung (Angaben als v. H.)

	E 34	E 25	E 36	E 37
Fischmehl	5	—	—	—
Sojaextraktionsschrot	11	18	18	17
Trockenhefe	3	3	3	3
Gerstenschrot	31	29	29	28
Weizenschrot	12	12	12	12
Maisschrot	20	20	20	20
Weizenkleie	15	15	15	15
Mineralstoffe	3	3	3	3
Betamehl	—	—	—	2
	100	100	100	100
Rohproteingehalt (Analyse)	17,1	17,1	17,1	17,2
Methionin (Tabellenwerte)	0,30	0,26	0,26 + 0,1	0,26 + 0,1
Vitamin B_{12}	0,2	—	—	0,2

Versuchsergebnisse

1. Gewichtsentwicklung

Die bei Verfütterung der nicht supplementierten pflanzlichen Mischung eintretende Wachstumsdepression konnte durch den Zusatz von Methionin oder Methionin + Betamehl aufgehoben werden. Während der Zusatz von 0,05 v. H. Methionin zu einer pflanzlichen Diät den bei vollwertiger Nahrung eintretenden Masterfolg nicht sichern konnte, scheint die mit der doppelten Dosis Methionin versehene Futtermischung den Nährstoffansprüchen gerecht zu werden. Ein Zusatz von 2 v. H. Betamehl an Stelle von 1 v. H. Sojaextraktions- und 1 v. H. Gerstenschrot führt beim gleichen Methioningehalt zu keinen weiteren Wachstumssteigerungen. Die Unterschiede der Gewichte von Erpeln und Enten sind in allen Gruppen wiederum von bedeutendem Ausmaß.

Tabelle 24
Ergebnisse der Gruppen (Angaben in g bzw. als v. H.) (Durchschnittswerte)

	E 34	E 35	E 36	E 37
Versuchsbeginn	161,1	163,2	164,7	162,8
	±2,6	±2,6	±2,6	±2,6
Endgewicht	2623,1	2529,7	2648,8	2614,9
Erpelgewicht	2729,3	2627,3	2725,2	2722,3
	±44,2	±38,6	±25,6	±27,8
Entengewicht	2532,6	2424,0	2581,2	2498,5
	±27,4	±21,8	±37,4	±34,8
Entenanzahl	23	26	23	26
Erpelanzahl	27	24	26	24
Futterverbrauch	10969,0	11206,6	11082,2	10920,0
Rohverwertung	4455,3	4735,5	4461,3	4453,3

2. Futterverbrauch und -verwertung

Die in Tabelle 24 aufgeführten Daten des durchschnittlichen Futterverzehrs stimmen in der Tendenz mit denen der Endgewichte überein. Die Tatsache eines bei ausschließlich pflanzlicher Ernährung gesteigerten Verzehrs muß im Hinblick auf eine Reihe ähnlicher, bereits dargestellter Untersuchungen als zufällige Abweichung angesehen werden. Nach diesen Ergebnissen hat die hier vorgenommene Ergänzung einer pflanzlichen Futtermischung zu einer wesentlich besseren Ausnutzung des Futters geführt.

3. Ausschlachtungen

In der Mangelgruppe ergab sich, im Vergleich zur Kontrolle einfach signifikant unterlegen, die geringste Schlachtausbeute und der höchste Organanteil. Über diesen Befund wurden bereits an anderer Stelle Ausführungen gemacht. Die Supplementierung hat auch in Hinsicht auf den Anteil verwertbarer Teile des Schlachttieres zu ausreichenden Leistungen geführt.

Tabelle 25
Ausschlachtungsergebnisse (Durchschnittswerte)

	E 34	E 35	E 36	E 37
Lebendgewicht	2635,8 g	2608,8 g	2625,3 g	2635,3 g
Anzahl	10	10	10	10
Schlachtausbeute	65,65 v. H.	64,18 v. H.	65,36 v. H.	64,90 v. H.
Organanteil	5,98 v. H.	6,54 v. H.	6,29 v. H.	6,18 v. H.
Gesamtabfall	28,37 v. H.	29,28 v. H.	28,19 v. H.	28,93 v. H.
Schlachtverlust	15,21 v. H.	16,30 v. H.	15,07 v. H.	15,70 v. H.
Fettanteil	2,28 v. H.	2,17 v. H.	2,48 v. H.	1,98 v. H.

4. Fleischuntersuchungen

Die Stichproben umfaßten 6 Erpel. Die technischen Gegebenheiten erlaubten nur Analysen von Tieren aus 3 Gruppen. Fleisch von Tieren aus der Mangelgruppe wurde nicht untersucht.

Im Stickstoffgehalt und Rohfettanteil weichen die Mittelwerte nur unwesentlich voneinander ab. Beim Trockensubstanzgehalt ergab sich zwischen der Kontrolle E 34 und der Gruppe E 36 (Methionin-Zusatz) eine gesicherte Differenz. Es ist schwierig, eine eindeutige Erklärung dafür zu finden.

Tabelle 26
Ergebnisse der Fleischanalysen (Angaben als v. H. der Frischsubstanz)
(Durchschnittswere)

Gruppe	N-Gehalt	Rohfett	Trockensubstanz
E 34	3,18 ± 0,04	2,04 ± 0,16	24,36 ± 0,12
E 36	3,16 ± 0,06	2,32 ± 0,16	25,13 ± 0,21
E 37	3,23 ± 0,04	2,12 ± 0,12	24,76 ± 0,28

Besprechung der Versuche

In unseren Untersuchungen hat sich ein Zusatz von 0,1 v. H. dl-Methionin zu einer pflanzlichen Futtermischung bewährt. Es ist anzunehmen, daß das Nahrungseiweiß durch das synthetische Methionin komplettiert wurde. Als limitierenden Wachstumsfaktor darf man somit bei der hier benutzten Ernährungsform die Aminosäure Methionin annehmen. Eine tierische Eiweißmangeldiät ließ sich bereits mit 0,05 v. H. Methionin ausreichend aufwerten. Wir nehmen an, daß diese Erscheinung ebenfalls auf die proteinkomplettierende Wirkung des Methionins zurückzuführen ist.

Da unsere Untersuchungen bei rund 17 v. H. Rohprotein, die von DEMERS und BERNARD (11) dagegen mit höherem Proteinniveau ausgeführt wurden, lassen sich Vergleiche nur mit großem Vorbehalt anstellen. Es fällt auf, daß der Methionin- und Cystingehalt unserer Futtermischungen das von DEMERS und Mitarbeiter angegebene Niveau nicht erreichten. Betrachtet man jedoch vergleichend die Ergebnisse der Kontrollen aus unseren 3 Versuchen, so liegen unterschiedliche Endgewichte bei weitgehend ausgeglichenem Methionin- und Cystinangebot vor. Ohne Zweifel deutet das darauf hin, daß das Angebot von proteingebundenen Thioaminosäuren hier nicht im ursächlichen Zusammenhang mit der deutlichen Abstufung der Endgewichte der Kontrolle stehen kann. Nach ROSENBERG (55) ist der Methionin-Bedarf von verschiedenen Wachstumsfaktoren abhängig. Ernährungsphysiologische Untersuchungen über Wechselbeziehungen von Thioaminosäuren und einzelnen Ernährungsfaktoren stehen noch aus.

Die von SCOTT und Mitarbeitern (59) bei pflanzlicher Ernährung angewandte Methionin-Dosierung war offenbar zu gering, um eine ausreichende Ergänzung des pflanzlichen Proteins vorzunehmen. Die ausbleibenden nutritiven Effekte können aber auch auf die Einseitigkeit der verwendeten Futtermischungen zurückgeführt werden.

Ob der Einsatz von Methionin zur Komplettierung pflanzlicher oder tierischer Eiweißmangeldiäten auch vom Standpunkt der Wirtschaftlichkeit der Fütterung aus vertretbar ist, müssen weitere umfangreiche Untersuchungen ergeben.

3. Besprechung der gesamten Untersuchungen

Nach der Durchführung der ersten Entenwuchsprüfung erwies es sich als zweckmäßig, vor Beginn eines jeden Versuches das Geschlechtsverhältnis aller Gruppen durch eine Geschlechtssortierung nach der japanischen Methode auszugleichen. Diese Maßnahme war zu Recht eingeleitet, da Erpel- und Entengewichte bei Mastabschluß im allgemeinen signifikante bis hochsignifikante Differenzen zeigten. Ohne Beachtung des Geschlechtsverhältnisses ausgeführte Enten-Fütterungsversuche können infolgedessen bei Verwendung ähnlichen Tiermaterials zu falschen Schlußfolgerungen führen (vgl. auch 24, 28). Im Hinblick auf eine ausgeglichene Schlachtqualität entsteht unserer Meinung nach für die Züchtung der Pekingente amerikanischer Zuchtrichtung die Aufgabe, einen Ausgleich des Mastverhaltens von Enten und Erpeln anzustreben.

Der mäßige Umfang der Gruppen und die Aufteilung in Geschlechter bringen es mit sich, daß die mittleren Fehler der Mittelwerte bei den Mastendgewichten mitunter hoch ausgefallen sind. Aus diesem Grunde müßte bei kommenden Untersuchungen eine Steigerung der Tierzahl je Gruppe in Erwägung gezogen werden.

Die biometrischen Berechnungen der Ausschlachtungen machen deutlich, daß der Umfang der Stichproben erweitert werden müßte. Die Analysentechnik der Rohnährstoffbestimmungen scheint bei der Trockensubstanzbestimmung noch der Verbesserung wert zu sein, wobei die Arbeit von HÖLLER und Mitarbeitern (33) bereits einen Fortschritt darstellen dürfte.

Im Hinblick auf die Belange der Praxis mußte für die Futtermischungen aller Versuche ein einheitliches Rohproteinniveau gewählt werden, daß sowohl in ernährungsphysiologischer als auch ökonomischer Hinsicht den Anforderungen einer modernen Entenmast genügen sollte. Die Resultate der einleitend geschilderten Versuche lassen eine Herabsetzung des Rohproteingehaltes von 20 v. H. auf 17 v. H. bei entsprechender Steigerung des Getreideanteiles angezeigt erscheinen. Ausschließlich pflanzliche Ernährung scheint im Vergleich zur entsprechenden Eiweißreproduktion von Hähnchen bei der Ente zu höherem Eiweißansatz zu führen, jedoch mußte eine 5%ige Wachstumsdepression im Vergleich zur Kontrolle registriert werden. Ein tierischer Rohproteingehalt von 2,7—2,8 v. H. (für die Verhältnisse der Praxis ist mit 3 v. H. zu rechnen) erwies sich in unseren Versuchen als das Minimum. Die Versuche, tierisches Eiweiß durch Einsatz spezieller Futtersupplemente einzusparen, haben ergeben, daß 0,1 v. H. dl-Methionin eine pflanzliche Futtermischung aufzuwerten vermochten. Eine Dosierung von 0,05 v. H. dl-Methionin genügte, um eine mit geringen Mengen Fischmehl versehene Mischung zu komplettieren. Jedoch reichen diese Versuche noch nicht aus, um eine Beurteilung der Wirtschaftlichkeit einer solchen Fütterungsweise vornehmen zu können.

Die Ergebnisse der Arbeit deuten darauf hin, daß bei Mastenten ein spezifischer Eiweiß- und Wirkstoffbedarf vorliegen kann. Es war jedoch nicht die Aufgabe dieser Arbeit, vergleichende Betrachtungen der Nährstoffverwertung mehrerer Geflügelgattungen vorzunehmen.

Der Schlachtwert von gleichentwickelten Erpeln erwies sich in Hinsicht auf die verwertbaren Teile im allgemeinen als unabhängig vom obwaltenden Fütterungsregime. Beziehungen zwischen dem Eiweißgehalt des Futters und der Schlachtqualität der Tiere konnten nicht festgestellt werden. Der Stickstoff- und Rohfettgehalt des Fleisches aller Stichproben waren nur geringen Schwankungen unterworfen. Im Trockensubstanzanteil ergaben sich geringe Abweichungen, für die wir aber in erster Linie die noch unvollkommene Versuchstechnik verantwortlich gemacht haben.

Zusammenfassung

In dieser Arbeit wurden Versuche zur Frage des Eiweißbedarfes von Mastenten ausgeführt. Unter unseren Fütterungsbedingungen hatte eine Futtermischung mit 17 v. H. Rohprotein den gleichen Wachstumswert wie eine mit 20 v. H.

Als für vollen Masterfolg ausreichend haben wir einen tierischen Rohproteingehalt von rund 3 v. H. (5 v. H. Fischmehl) befunden. Die Ergänzung von Mangeldiäten mit einem Vitamin B_{12}-haltigen Futterzusatz (Betamehl + B_{12}-Mycel oder Betamehl) führte, gemessen an der Gewichtsentwicklung, zu keiner Aufwertung des Nahrungseiweißes.

Durch Zusatz von dl-Methionin wurde eine Komplettierung der pflanzlichen und tierischen Eiweißmangeldiät bei einer Dosierung von 0,1 v. H. bzw. 0,05 v. H. der Ration erreicht.

Erpel- und Entengewichte wiesen bei Mastabschluß signifikante bis hochsignifikante Differenzen auf.

Der Schlachtwert von Erpeln und der Rohnährstoffgehalt des Fleisches unterlagen im allgemeinen keinen alimentären Einflüssen.

Резюме

В настоящей работе описываются опыты для выяснения потребности откормочных уток в белках. В наших условиях кормления кормовая смесь, содержащая 17% сырого протеина, оказала не менее хорошее действие на рост, чем кормовая смесь с содержанием 20% сырого протеина.

Мы нашли, что для полного успеха откорма достаточно 2,7% до 2,8% сырого протеина животного происхождения (5% рыбной муки). Дополнение неполноценного относительно белка корма веществом, содержащим витамин B_{12} (мука бета — мицелий B_{12} или мука бета), судя развитию веса, не привело к востановлению ценности пищевого белка.

Добавкой дл-метионина к рациону было достигнуто комплектование неполноценного относительно растительного и животного белка корма при дозировке в 0,1% и 0,05%.

Показатели веса селезней и уток при окончании откорма в общем проявляли достоверные и даже высоко-достоверные разницы.

Убойная ценность селезней и содержание сырого пительного вещества в мясе в общем не подлежали влиянию питания.

Summary

This report deals with studies on the protein requirements of ducklings. In comparing a 17 per cent protein ration with one containing 20 per cent of protein, we found no signifikant differences in weight and feed consumption during the growing period.

We concluded that the minimum animal protein requirements of ducklings appear to be about 3 per cent of ration (5 per cent fish meal). Vitamin B_{12} supplemented diets (Betamehl + B_{12}-mycel and Betamehl) had no satisfactory results.

Supplementing a corn — soybean diet with 0,1 per cent dl-methionine has produced growth equivalent to a diet containing 5 per cent fish meal. A diet lacking in animal protein (3 per cent fish meal) was supplemented by 0,05 per cent dl-methionine.

At the age of nine weeks average weights of male ducks were signifikantly higher than those of females.

In general there were no signifikant differences in meat composition of male ducks and the results of evisceration due to the effects of the various diets.

Literaturverzeichnis

1. ALMQUIST, H. J.: Proteins and amino acids in animal nutrition 1957, 4th edition, New York.
2. BEYTHIEN, A. und W. DIEMAIR: Laboratoriumsbuch für den Lebensmittelchemiker. 7. Aufl. Dresden u. Leipzig 1957.
3. BÖLTS, R.: Die Entenmast. In: R. Fangauf: Amerikanische Geflügelzuchtmethoden. Berlin und Stuttgart.
4. BOJARKIN, J. J.: Die Mast der Jungenten und die Veränderungen in der Qualität des Endproduktes in Abhängigkeit vom Schlachtalter. Tierernährung 1936, **8**, 186—207.
5. BROADBEND, N. und H. W. BEAN: zitiert bei PETERS (51).
6. BRÜGGEMANN, J. und K. DREPPER: Zur Frage der Nahrungswertermittlung von Futtermittelrohproteinen mit Hilfe von Tierversuchen. Archiv f. Tierernährung 1958, **8**, 470—475.
7. BÜNGER, H., WERNER A. und H. BRANDENBURG: Mastversuche mit Jungenten. Tierernährung 1933, **5**, 140—161 und 507—531.
8. BUHRMANN, E.: Einige grundsätzliche Gedanken zur Entenmast. Futter und Fütterung, Beilage zu „Der Tierzüchter", 1957, **8**, 51—52.
9. COLUMBUS, A. und G. GEBHARDT: Ansatzwirkung von Abfallmycelien der Antibiotikaherstellung nach Versuchen an wachsenden Albinoratten. Archiv f. Tierernährung 1956, **6**, 150—177.
10. DAVIS, R. L. und G. M. BRIGGS: The vitamin B_{12} requirement of the chick. Poultry Science 1951, **30**, 628—629.
11. DEMERS, J. M. und R. BERNARD: Further work on the nutrition of ducklings. A. Lipotropic factors. B. Sulphur amino acid requirements. Canadian Journal of Research, Sect. E. 1950, **28**, 202—211.
12. DOEHL, R.: Untersuchungen der Einsatzmöglichkeiten antibiotischer Wirkstoffe in der Entenmast. 1957, Diss. Humboldt-Univ. Berlin.
13. DONALDSON, W. E.: Briefliche Mitteilung.
14. DREYSER, H.: Untersuchungen über den Einfluß von Vitamin B_{12} und APF auf den Eiweißstoffwechsel. Archiv für Tierernährung 1953, **3**, 240—258.
15. ENGELMANN, C.: Ernährung und Fütterung des Geflügels. Radebeul und Berlin 1955.
16. ENGELMANN, C.: Die Bedeutung des Vitamin B_{12} in der Geflügelfütterung. Archiv für Geflügelzucht und Kleintierkunde 1954, **3**, 32—44.
17. EVANS, R. J., BANDEMER, S. L. und D. H. BAUER: Methionine and cystine requirements of chicks determined by calculation. Poultry Science 1956, **35**, 174—178.
18. FANGAUF, R.: Geflügelfütterung. Stuttgart, 1953, 4. Aufl.
19. FANGAUF, R. KLEIN, F. W. und G. v. BARLÖWEN: Die Höhe des Proteinanteiles im Aufzuchtfutter für Hühnerküken. Archiv f. Geflügelkunde 1955 XIX, 358—368.
20. FANGAUF, R., VOGT, H. und G. v. BARLÖWEN: Die Wirkung von Methionin auf das Kükenwachstum bei üblichen Mastfuttermischungen und bei Zusatz von Fett. Archiv f. Geflügelkunde 1957, XXI, 281—291.
21. FERRANDO, R.: Les vitamines du complexe B dans l'alimentation des animaux domestiques. Referat in: Archiv f. Geflügelkunde 1954, XVIII, 290.
22. FRANKE, E. R. und H. J. WENIGER: Neue Untersuchungen über den Wärmewert von Fleisch und Fett verschiedener Nutztierarten. Archiv f. Tierernährung 1955, **5**, 142—149.
23. FRANKE, E. R. und H. J. WENIGER: Der Stickstoff-, Kohlenstoff- und Energiegehalt des Fleisches und der Wärmewert des Fettes verschiedener Nutztierarten. Archiv f. Tierernährung 1958, **8**, 81—94.
24. GÄRTNER und N. SPYRA: Vergleichende biologische Studien an Khaki-Campbell- und Pekingenten. Archiv f. Geflügelkunde 1930, **4**, 137—145.
25. GERRIETS, E.: Experimentelle Untersuchungen über die enzootische Muskeldystrophie der Jungenten. Archiv für Geflügelzucht u. Kleintierkunde 1954, **3**, 54—73.
26. GESELLSCHAFT FÜR ERNÄHRUNGSPHYSIOLOGIE DER HAUSTIERE: Richtlinien zur Durchführung und Auswertung von praktischen Fütterungsversuchen an Haustieren. Archiv f. Tierernährung 1956, **6**, 236—241.

27. GRAU, R.: Die Beeinflussung der Fleischqualität durch Antibiotikafütterung. In: Antibiotika in der Tierernährung. Münchner Symposion 1954, München 1955, S. 47—54.
28. HAMLYN, W. L., BRANION, H. D. und J. R. CAVERS: The influence of protein on the growth of ducks. Poultry Science 1934, 13, 333—337.
29. HARVEY, J. D., PARRISH, D. B. und P. E. SANFORD: Improvements in the technique of deutectomy of newly hatched chicks, and the effects of the operation on their subsequent development. Poultry Science 1955, 34, 3—8.
30. HAVERMANN, H., WEGNER, R. M. und W. HARTFIEL: Hähnchenmast und Ausschlachtungsversuche mit verschiedenen Rassen und Kreuzungen. Archiv v. Geflügelkunde 1957, XXI, 170—191.
31. HEUSER, G. F.: Feeding poultry. 2nd edition, New York-London.
32. HEUSER, G. F. und M. L. SCOTT: Studies in duck nutrition. 1. Methods of feeding. Poultry Science 1951, 30, 161—163.
33. HÖLLER, H., PRINZ, W. und H. HILL: Beiträge zum Eiweißstoffwechsel des Schweines. V. Mittlg. Zeitschrift f. Tierphysiologie, Tierernährung u. Futtermittelkunde 1958, 13, 201—212.
34. HOHLS, H.-W.: Über die Wirkung verschieden großer Zusätze von tierischem Eiweiß zum Futter bei der Aufzucht von Küken. Celler Jahrbuch 1954, S. 69—77, Reutlingen.
35. HOHLS, H.-W.: Der Bewertungsmaßstab bei Mastprüfungen an wachsendem Geflügel. Zeitschrift f. Tierphysiologie, Tierernährung und Futtermittelkunde 1958, 13, 212—230.
36. HORTON, D.: A comparison of feeding a twelve percent and a nineteen percent protein ration to White Pekin ducklings. Poultry Science 1932, 11, 106—109.
37. HURD, L. M.: Duck growing. Cornell Extension Bulletin 354. Ithaca New York 1954.
38. KAUFMANN, P.: Beiträge zur Kenntnis der Ernährung des Geflügels. Archiv f. Geflügelkunde 1928, 2, 65—78 und 97—114.
39. KINZEL, H.: Läßt sich die N-, Ca- und P-Bilanz bei Hühnern und Enten durch die Tieranalyse bestätigen? (160- und 60tägige Versuche an Küken.) 1955, Diss. Univ. Kiel.
40. KUMANOV, S. und I. TANEV: Untersuchungen über das Wachstum von Jungenten. Zeitschrift der wissenschaftlichen Forschungsinstitute beim Landwirtschaftsministerium, Sofia, 1953, 20, 37—46 (bulgarisch).
41. LEHMANN, F.: Über die Jungtentenmast. Archiv f. Geflügelkunde 1929, 3, 1—23.
42. LEHMANN, F.: Mastversuch mit Jungenten 1928. Archiv f. Geflügelkunde 1929, 3, 33—40.
43. LIEBSCHER, W.: Tabelle über die durchschnittliche Zusammensetzung, Produktionskoeffizienten und produktive Energie von Futtermitteln für Hühner. Mitteilungen für Tierhaltung 1957, H. 34, München: Cyanamid G. m. b. H.
44. MANGOLD, E.: Das Eiweiß in der Geflügelernährung. Beiheft 1 zum Archiv für Tierernährung. Berlin 1951.
45. MANGOLD, E.: Die Verdauung bei den Nutztieren. Berlin 1950.
46. MILLER, H. zitiert bei HEUSER (31).
47. MÜLLER, H.: Untersuchungen über die Mast von Jungenten unter Zusatz von B_{12}-Präparaten. Archiv f. Geflügelzucht und Kleintierkunde 1955, 4, 202—208.
48. MÜLLER, H. und U. HEIDENREUTER: Untersuchungen über die Verfütterung von Fischpaste an Mastenten. Tierzucht 1957, 11, 383—384.
49. NEHRING, K.: Der Einsatz von Antibiotika und sonstigen Wirkstoffen in der Fütterung. Wiss. Zeitschrift d. Univ. Rostock, Math.-Naturwiss. Reihe 1953/54, 3, 339—349.
50. OTTO, E.: Biometrie, Berlin 1958.
51. PETERS, G. H.: Ausschlachtungsversuche bei Geflügel unterschiedlicher Gewichtsklassen unter besonderer Berücksichtigung verschiedener Hühnerrassen und Geflügelarten. Archiv f. Geflügelkunde 1958, XXII, 170—196 und 240—259.
52. RAIMO, H. F.: Die Pekingenten als Fleischproduzenten. Referat in: Archiv für Geflügelkunde 1954, XVIII, 215—217.
53. RICHTER, K. und BRÜGGEMANN, H.: Frisches Schlachtblut als Eiweißfutter bei der Mast von Schweinen, Enten und Hähnchen. Züchtungskunde 1936, 11, 113—121.
54. ROBERTS, R. E.: zitiert bei HEUSER (31).

55. ROSENBERG, H. R.: Methionine and lysine suplpementation of animal feeds. Journal of Agricultural and Food Chemistry 1957, 5, 694—700.
56. SAHASHI, X., IWAMOTO, K. und J. HAYASHI: Biochemical studies on vitamin B_{12}. Referat in: Lederle Mitteilungen f. Tierhaltung 1956, H. 21, 8.
57. SCOTT, M. L. und G. F. HEUSER: Studies in duck nutrition. 2. Studies of protein and unidentified vitamin requirements. Poultry Science 1951, 30, 164—167.
58. SCOTT, M. L., PARSONS, E. H., DOUGHERTY, E. und J. H. BRUCKNER: Studies on the nutrition of Long Island White Pekin Ducks. Cornell Univ. Agr. Experiment Station Project on duck nutrition. 1957, report 2 (Maschinenschrift).
59. SCOTT, M. L., PARSONS, E. H. und E. DOUGHERTY: Studies in duck nutrition. 6. "Unidentified growth factor" supplements and methionine in rations for ducks. Poultry Science 1957, 36, 1181—1186.
60. SMETNEW, S. I.: Geflügelzucht. 2. Aufl., Moskau 1954. (russ.)
61. SOMMER, H.: Vitamin B_{12}. Berlin 1954.
62. SCHENK, M.: Grundriß der physiologischen Chemie. 2. Aufl., Jena 1955.
63. SCHEPELMANN, E.: Über die gestaltende Wirkung verschiedener Ernährung auf die Organe der Gans, insbesondere über die funktionelle Anpassung an die Nahrung. Archiv f. Entwicklungsmechanik d. Organismen 1906, 21, 500—595 und 1907, 23, 183—226.
64. SCHILLER, E.: Die Entenmast. Der Zootechniker Nr. 9. Berlin 1957.
65. SCHILLER, K.: Über den Ergänzungswert von Eiweißträgern verschiedener Herkunft in der tierischen Ernährung. Archiv f. Tierernährung 1953, 3, 342—359; 1956, 6, 92—103; 1957, 7, 244—249.
66. SCHOLTYSSEK, S.: Die Rolle des Methionin in der Geflügelfütterung. Archiv f. Geflügelkunde 1953, XVII, 155—163.
67. SCHOLTYSSEK, S.: Zur Methodik der Schlachtgeflügel-Bewertung. Archiv f. Geflügelkunde 1957, XXI, 376—388.
68. STAHL, W. und E. FRIEDRICH: Versuche mit eingedickter Fischbrühe (Fischextrakt) in der Schweinemast. Journal f. Landwirtschaft 1940, 87, 290—297.
69. TOMME, M. F.: Fütterungsnormen und Futterrationen für die landwirtschaftlichen Nutztiere. Moskau 1958 (russ.).
70. TROITZKAJA, A. G., DANILOWA, A. K. und K. J. PALMOVA: Die Verdaulichkeit der Futtermittel bei Enten. Tierernährung 1936, 8, 69—86.
71. WEBER, E.: Grundriß der biologischen Statistik. 2. Aufl., Jena 1956.
72. WEINMILLER, L. und G. NEUNTEUFEL: Entenschnellmast. Archiv f. Geflügelkunde 1927, 1, 404—411.
73. WENIGER, H. J.: Das Körper- und Organwachstum der Haustiere unter besonderer Berücksichtigung des Hausschweines. 1956, Habil.-Schrift Univ. Halle/S.
74. WÖHLBIER, W., ORTH, A., KUJUS, W. und W. HACKER: Schweinemast- und Kükenaufzuchtversuche mit Vitamin B_{12}-Präparaten. Beiheft 4 zum Archiv für Tierernährung. 182—213, Berlin 1954.
75. WÖHLBIER, W. und M. KIRCHGESSNER: Die Wirkung eines Zusatzes von Methionin, Lysin und Vitamin B_{12} zu einer aus pflanzlichen Futtermitteln bestehenden Futterration in der Kükenaufzucht. Zeitschrift f. Tierernährung u. Futtermittelkunde 1956, 11, 296—304.
76. WÖHLBIER, W. und M. KIRCHGESSNER: Untersuchungen über die Wirkung abgestufter Vitamin B_{12}-Zulagen in der Kükenaufzucht. Zeitschrift f. Tierernährung u. Futtermittelkunde 1957, 12, 279—284.
77. WUSSOW, W., WENIGER, H. J. und H. R. SCHUMM: Die Wirkung einer APF-Beigabe auf Futterverwertung und Schlachtleistung bei Schweinen. Archiv v. Tierernährung 1953, 3, 223—239.
78. anon.: Sojaextraktionsschrot ist nicht gleich Sojaextraktionsschrot. Mitteilungen f. Tierhaltung 1957, H. 36, 1—12, München Cyanamid G. m. b. H.

Verfasser: Dr. WOLFGANG RUDOLPH, Nauendorf (Saalkreis), Ortsteil Merbitz

Institut für Tierzuchtforschung Dummerstorf der Deutschen Akademie der Landwirtschaftswissenschaften zu Berlin
(Direktor: Prof. Dr. Dr. h. c. W. STAHL) Abt. Eliteleistungsbuch Berlin

A. SCHAAF

Ergebnisse der Staatlichen Hühnerleistungsprüfung 1959/60 in der Deutschen Demokratischen Republik

Die Geflügelzucht in der Deutschen Demokratischen Republik befindet sich in einer strukturellen Umorganisierung. Gleichlaufend mit dem Zusammenschluß individuell bewirtschafteter landwirtschaftlicher Klein- und Mittelbetriebe zu genossenschaftlichen Großbetrieben, entwickeln sich auch größere Geflügelzuchten. Herdbuchbetriebe, die sich bisher aus wirtschaftlichen Gründen auf die züchterische Bearbeitung weniger Stämme beschränken mußten, werden dadurch in die Lage versetzt, mit einer erheblich größeren Zahl von Stämmen arbeiten zu können. Diese verbreiterte Basis ermöglicht eine intensivere und zielstrebigere züchterische Selektion und bietet die Voraussetzung für eine Änderung der Zuchtmethodik. Die Leistungsprüfung wird entsprechend angepaßt werden müssen und, soweit sie die Selektionsbasis innerhalb der Zuchtbetriebe betrifft, zu einem großen Teil in den Betrieben selbst durchgeführt werden können. Der zwischenbetriebliche Leistungsvergleich wird jedoch auch weiterhin neutralen Prüfstationen vorbehalten bleiben müssen.

Das abgelaufene Prüfungsjahr wurde vorerst noch, ungehindert durch äußere Einflüsse, nach den bewährten, von der Sektion Tierzüchtung und Tierernährung der Deutschen Akademie der Landwirtschaftswissenschaften zu Berlin verbindlich festgelegten Richtlinien abgeschlossen. Dabei hatten die drei nördlichen Bezirke der Republik erstmalig Gelegenheit, ihre Gruppen in der innerhalb des eigenen Zuchtgebietes neu errichteten Hühnerprüfungsanstalt Dummerstorf (Kreis Rostock) prüfen zu lassen. Auch die Neubeschickung der fünf Hühnerprüfungsanstalten

Altenberga (Bez. Erfurt)
für die Bezirke Erfurt, Gera und Suhl,

Blumberg (Bez. Frankfurt/Oder)
für die Bezirke Cottbus, Frankfurt/Oder und Potsdam,

Dummerstorf (Bez. Rostock)
für die Bezirke Neubrandenburg, Rostock und Schwerin,

Merbitz (Bez. Halle)
für die Bezirke Halle und Magdeburg sowie für das Rassegeflügel,

Schlobachshof (Bez. Leipzig)
für die Bezirke Dresden, Leipzig und Karl-Marx-Stadt

für das Prüfungsjahr 1960/61 wurde wieder nach den gleichen Grundsätzen vorgenommen.

Die abgeschlossene Prüfungsperiode erstreckte sich auf den Zeitraum vom 1. 10. 1959 bis 15. 9. 1960 und umfaßte 351 Tage. Insgesamt waren 126 Prüfungsgruppen von je 10 Hennen nach Auswahl durch die zuständigen Tierzuchtinspektionen zur Leistungsprüfung eingeschickt worden (Tab. 1), so daß die vorhandene Stallkapazität bis auf zwei in Dummerstorf freigebliebene Plätze voll ausgenutzt werden konnte. Von den angelieferten Gruppen gehörten 114 zum Wirtschaftsgeflügel, 11 zum Rassegeflügel, und als Kreuzungsgruppe wurde ein Versuch zur Züchtung der New Hampshire in weißer Gefiederfarbe gewertet. Diese Farbvariante, die durch Selektion reinrassiger New Hampshire bzw. auch durch vorsichtige Einkreuzung Weißer Leghorn entstanden ist, ist als Wirtschaftsrasse noch nicht anerkannt.

Die Wirtschaftsgeflügelgruppen verteilten sich auf folgende Rassen:

Leghorn	60	Gruppen	52,5%
Rbf. Italiener	39	„	34,2%
Kennf. Italiener	2	„	1,8%
New Hampshire	9	„	7,9%
Rhodeländer	1	„	0,9%
Sussex	2	„	1,8%
Plymouth Rock	1	„	0,9%

Entsprechend den Richtlinien müssen die 10 Hennen einer Prüfungsgruppe jeweils von einem Hahn und von zwei verschiedenen Hennen abstammen, die selbst Vollgeschwister sein müssen. Eine Prüfungsgruppe ist also ein Kollektiv von sehr nahe verwandten Tieren.

Vom Wirtschaftsgeflügel mußten während des Prüfungsjahres 13 Gruppen ausscheiden (Tab. 2), so daß insgesamt 113 Gruppen einen vollen Jahresabschluß erzielten. Davon konnten 40 Gruppen die Bedingungen für die Eintragung in das Eliteleistungsbuch erfüllen. Unterbringung und Haltung der Prüfungstiere blieben gegenüber früheren Jahren unverändert, und auch in der Futterzusammensetzung wurden keine grundsätzlichen Änderungen vorgenommen. Lediglich die natürlichen Vitaminträger mußten ab 1. 1. 1960 durch synthetische Vitamine ersetzt werden, da Möhren im vergangenen Winter nicht zu beschaffen waren. Dadurch konnte auch die Verabreichung von Weichfutter und von Dorschölemulsion eingespart und das gesamte Legemehl trocken in Automaten zur Verfügung gestellt werden.

Die wiederum zentral im VEB Melasseverwertung Schönebeck hergestellte Mischung des Legemehls erfolgte nach folgender Rezeptur:

18,5%	Weizenkleie	5,0%	Sojaschrot
15,0%	Maisschrot	5,0%	Grünmehl
15,0%	Gerstenschrot	2,0%	Malzkeime
15,0%	Haferschrot	3,0%	Standard-Mineralstoffgemisch
15,0%	Fischmehl	1,5%	Vitaminkonzentrat
5,0%	Bierhefe		

Das Vitaminkonzentrat enthält 1,1 Mill. I. E. Vitamin A und 4,0 Mill. I. E. Vitamin D_2 im Kilo.

Die Herstellung der Mischungen wurde regelmäßig durch einen Beauftragten des Oskar-Kellner-Instituts für Tierernährung Leipzig-Möckern überwacht, der auch die

Proben für die Analysen zog. Nach diesen Analysen ergab sich für vier Quartalslieferungen folgende durchschnittliche Zusammensetzung des Legemehls:

Trockensubstanz	90,9%	Roheiweiß	23,6%
Rohasche	8,7%	Rohfett	3,6%
Organische Substanz	82,2%	Rohfaser	6,4%
		NFE	48,6%

Aus den Analysenwerten errechnet sich ein Nährstoffgehalt von 18,5% v. E. in 63,9 GN, während das Körnerfutter aus 20 g Gerste, 10 g Mais und 20 g Hafer 7,36% v. E. in 65,0 GN enthielt. Eine Tagesration aus 50 g Körnern und 70 g Legemehl hatte demnach 13,87% v. E. in 64,38 GN.

Die Bestandsveränderungen während des Berichtsjahres durch Verluste und Auflösung von Prüfungsgruppen in den Hühnerprüfungsanstalten sind nach Rassen getrennt in Tab. 2 wiedergegeben. Die Abgänge insgesamt liegen mit 17,4% beim Wirtschaftsgeflügel und 7,3% beim Rassegeflügel wesentlich günstiger als im Vorjahr, insbesondere beim Rassegeflügel. Die tatsächlichen Verluste betragen nur 8,9%; die größten Verluste hatte Altenberga (11,3%). Die häufigsten Todesursachen (Tab. 3) waren wiederum die Erkrankungen der Legeorgane, die Berufskrankheiten in Hochleistungsbeständen (26%), der Leukosekomplex (22%) und Erkrankungen der Leber (11%).

Die Leistungsergebnisse

Die speziellen Leistungen der Prüfungshennen sind in Tab. 4 zusammengestellt. Die Angaben betreffen die Eizahl, die Zahl der Wintereier, die Eimasse als Gewichtssumme sämtlicher Eier, den Futteraufwand für die Erzeugung von 100 g Eimasse und die Entwicklung der Körpergewichte im Durchschnitt der Prüfungsgruppen innerhalb jeder Rasse. Für die Berechnung der durchschnittlichen Hennenleistung einer jeden Gruppe ist der Anfangsbestand von 10 Hennen maßgebend, nur bei Verlusten durch Unfall oder höhere Gewalt werden die Hennenfuttertage als Bezugsgröße herangezogen. Prüfungsgruppen, in denen während des Legejahres Abgänge infolge Krankheit aufgetreten sind, werden dadurch automatisch geringer bewertet und gesunde Gruppen indirekt gefördert.

Die Leistungen waren im Berichtsjahr durchweg wieder sehr gut und übertrafen — abgesehen von den Leghorn — bei allen Rassen den Leistungsdurchschnitt aus den vorhergehenden fünf Jahren. Die meisten Wirtschaftsrassen erreichten im Durchschnitt weit über 200 Eier, und auch die Sussex und die Plymouth stehen nicht sehr zurück. Die Sektion Tierzüchtung und Tierernährung der Akademie hat daher im Einvernehmen mit der Zuchtleitung für landwirtschaftliches Geflügel in der Tierzuchthauptinspektion beschlossen, ab 1961 die Mindestforderung für die Eintragung in das Eliteleistungsbuch hinsichtlich der Eizahl für leichte Rassen von 190 Eiern auf 220 Eier und für mittelschwere Rassen von 175 Eiern auf 200 Eier heraufzusetzen. Diese Veränderung entspricht einer Erhöhung der Mindestforderung hinsichtlich der Legeleistung für die Aufnahme in das Herdbuch von 175 Eiern auf 190 Eier.

Sehr erfreulich ist erneut die außerordentlich hohe Leistung der New Hampshire, die im Durchschnitt von 9 Gruppen 220 Eier mit 12,7 kg Eimasse erzielten. Diese Rasse stellte auch im Berichtsjahr wieder die Spitzengruppe aus der Hühnerleistungsprüfung: Die in Schlobachshof geprüfte Gruppe 657 des Züchters Friedrich aus Barthmühle legte 280,4 Eier mit 56,9 g durchschnittlichem Eigewicht und erreichte damit 16,0 kg Eimasse, die höchste Leistung, die in der Hühnerleistungsprüfung von einer Gruppe im Durchschnitt bisher erzielt worden ist. So hohe Durchschnittsleistungen sind nur möglich, wenn alle Tiere in der Gruppe vollständig gesund und zu Spitzenleistungen befähigt sind. In dieser Gruppe hat jede Henne mehr als 200 Eier gelegt; 2 Hennen legten sogar mehr als 300 Eier; die Einzelleistung schwankt zwischen 239 und 312 Eiern, in der produzierten Eimasse zwischen 13,9 kg und 18,0 kg. Für diese hervorragende Leistung sind alle Hennen der Gruppe in das Eliteleistungsbuch eingetragen und der Züchter mit dem Wander-Ehrenpreis des Ministeriums für Landwirtschaft, Erfassung und Forstwirtschaft ausgezeichnet worden.

Zum Vergleich der Leistungsergebnisse aller Prüfungsgruppen mit den von ihnen für die Eintragung in das Eliteleistungsbuch geforderten Mindestleistungen sind diese in Leistungsklassen eingruppiert (Tab. 7). Daraus geht hervor, daß ²/₃ aller Prüfungsgruppen im Durchschnitt mehr als 190 Eier gelegt haben, 54% legten mehr als 200 Eier und 27% mehr als 220 Eier. Die Mindestforderung von 60 Wintereiern erfüllten 91% aller Gruppen, und das Eigewicht war bei 86% aller Gruppen schwerer als 55 g. Auch der Futteraufwand für die Erzeugung von 100 g Eimasse (maximal für leichte Rassen 375 g, für mittelschwere Rassen 400 g) war nur für etwa ⅓ aller Gruppen (33% der leichten und 38% der mittelschweren) ein Hindernis für die Eintragung in das Eliteleistungsbuch.

In der Gesamtwertung konnten 40 Gruppen, das sind 39,6% aller Wirtschaftsgeflügelgruppen mit Jahresabschluß oder 31,8% aller angelieferten Gruppen, in das Eliteleistungsbuch eingetragen werden. Darunter waren 18 Gruppen Weiße Leghorn, 18 Gruppen Rebhuhnfarbige Italiener und 4 Gruppen New Hampshire.

Unter den auf Grund ihrer überragenden Leistung prämiierten Gruppen stellen die Weißen Leghorn den größeren Anteil:

I. Preis — Gruppe 657, New Hampshire, 307 Leistungspunkte
Züchter: Horst Friedrich, Barthmühle, Kr. Plauen

II a Preis — Gruppe 547, Weiße Leghorn, 286 Leistungspunkte
Züchter: VEG Jabel, Kr. Wittstock

II b Preis — Gruppe 587, Weiße Leghorn, 282 Leistungspunkte
Züchter: H.-J. Müller-Uibrig, Bobitz, Kr. Wismar

III a Preis — Gruppe 566, Rebhuhnf. Italiener, 275 Leistungspunkte
Züchter: Johannes Kaiser, Damsdorf, Kr. Brandenburg

III b Preis — Gruppe 633, Weiße Leghorn, 274 Leistungspunkte
Züchter: R. Kröber, Wildenbörten, Kr. Schmölln

III c Preis — Gruppe 550, Weiße Leghorn, 268 Leistungspunkte
Züchter: VEG Oranienburg, Kr. Oranienburg

Die Rassegeflügelzüchter konnten im Berichtsjahr ebenfalls ansprechende Leistungen erzielen und ihren Leistungsdurchschnitt aus den letzten fünf Jahren übertreffen.

Zuchtleistungsprüfungen

In der „Hühnerleistungsprüfung“ wird der wirtschaftlich entscheidendste Teil der Nutzungseigenschaften unserer Zuchthühner erforscht, nämlich die Gesundheit, die Fruchtbarkeit (Legeleistung) und die Futterverwertung. Darüber hinaus werden in der Herdbuchzucht noch weitere vererbbare Leistungseigenschaften beachtet und beispielsweise bei Körungen bewertet: die Kunstbrutfestigkeit und Brutleistung (Schlupfprozente), die Wachstumsintensität und der Aufzuchterfolg. Die Überprüfung dieser Leistungseigenschaften stellt daher eine wesentliche Ergänzung der Prüfung auf Legeleistung und Futterverwertung dar.

Die Zuchtleistungsprüfung wird an allen zur Hühnerleistungsprüfung eingesandten Prüfungsgruppen vorgenommen, die auf Grund hoher Legeleistung während der ersten Monate ihres ersten Legejahres eine hohe Jahresleistung erwarten lassen und die eine hohe züchterische Bedeutung für die Landeszucht besitzen. Zur Erzeugung von Bruteiern für diesen Zweck werden den Prüfungsgruppen vom 15. 12. bis 30. 4. Hähne beigesetzt, die die jeweiligen Züchter zur Verfügung stellen. Sämtliche von den in der Zuchtleistung zu prüfenden Gruppen nach dem 25. Januar anfallenden brutfähigen Eier werden erbrütet, soweit der Schlupf, wie in der Herdbuchzucht, in den Zeitraum vom 1. März bis 30. April fällt.

Die anfallenden Küken werden nach Geschlecht sortiert, herdbuchmäßig gekennzeichnet und die weiblichen von ihnen bis zum Alter von 10 Wochen in der Gewichtsentwicklung kontrolliert.

Für die Fütterung der Küken wird ein Alleinfutter in folgender Zusammensetzung verwendet:

20%	Gerstenschrot	5%	Magermilchpulver
20%	Maisschrot	3%	Bierhefe
15%	Haferschrot	3%	Grünmehl
15%	Weizenkleie	4%	Mineralstoffgemisch
8%	Fischmehl	1%	Vitaminkonzentrat (1,1 Mill. I. E. Vit. A und 4,0 Mill. I. E. Vit. D_2 im Kilo)
6%	Sojaextraktionsschrot		

Die Analyse für die beiden im Berichtsjahr zentral im VEB Melasseverwertung Schönebeck hergestellten Mischungen ergab folgende durchschnittliche Zusammensetzung des Kükenaufzuchtfutters:

Trockensubstanz	91,6%	Roheiweiß	20,6%
Rohasche	8,8%	Rohfett	3,2%
Organ. Substanz	82,8%	Rohfaser	4,9%
		NFE	54,1%

Aus diesen Analysenwerten errechnet sich unter Verwendung der Verdauungskoeffizienten nach Fangauf ein Nährstoffgehalt von 15,5% v. E. in 68,0% GN bei 16,1% Ballast. Der Futteraufwand kann leider nicht gruppenweise getrennt festgestellt werden, da bei den verschiedenen Schlupfen Nachkommen aus allen zu prüfenden Gruppen anfallen und die vorhandenen Aufzuchtabteile bei Bodenintensivhaltung mit begrenzter Auslaufmöglichkeit nur für eine schlupfweise getrennte Aufzucht ausreichen.

Entgegen einer im Vorjahr angekündigten Erweiterung mußte die Durchführung der Zuchtleistungsprüfung auch im Berichtsjahr noch auf die beiden Hühnerprüfungsanstalten Altenberga und Blumberg beschränkt bleiben, weil in der neu errichteten und erstmalig beschickten Hühnerprüfungsanstalt Dummerstorf infolge technischer Störungen die Bruteinrichtung nicht rechtzeitig in Betrieb genommen werden konnte. Die dabei erzielten Leistungen sind in Tab. 8 zusammengestellt. Gegenüber den in den vorhergehenden Jahren erzielten Leistungen konnten sowohl das Schlupfergebnis verbessert als auch das Endgewicht wesentlich erhöht werden.

Von den 37 in ihrer Zuchtleistung geprüften Gruppen haben 12 die Bedingungen vollständig erfüllt und sind als besonders wertvoll herauszustellen. 13 weitere Gruppen haben die Mindestforderungen hinsichtlich der Zuchtleistung (80% Befruchtung, 65% Schlupf, bis 6% Aufzuchtverluste, 700 g Zehnwochengewicht) zwar ebenfalls erfüllt, scheiterten aber an irgendeiner Bedingung in der Legeleistungsprüfung.

Mastleistungsprüfungen

Die Prüfung der Mastfähigkeit der Hühner soll die züchterischen Bestrebungen in bezug auf die Entwicklung eines Fleischhuhnes für die Intensivmast unterstützen. Für die Durchführung solcher Prüfungen bot sich die in den drei Hühnerprüfungsanstalten Altenberga, Blumberg und Dummerstorf für die Zwecke der Zuchtleistungsprüfungen bereits vorhandene Brut- und Aufzuchtkapazität an, die für die genannten Untersuchungen jeweils nur im ersten Halbjahr benötigt werden (Schaaf, 1960a). Auf Veranlassung des Ministeriums für Landwirtschaft, Erfassung und Forstwirtschaft vom März 1960 wurde unverzüglich mit entsprechenden Vorarbeiten begonnen, um in jedem zweiten Halbjahr in zwei Durchgängen je 6000 Küken aus 30 Betrieben auf ihre Mastfähigkeit und die Schlachtleistung prüfen zu können. Die ersten Mastküken aus angelieferten Bruteiern schlüpften in Altenberga bereits im Juli (Schaaf, 1960b), die Eier für den zweiten Durchgang wurden in Altenberga, Blumberg und Dummerstorf im September eingelegt. Über die Ergebnisse wird getrennt berichtet.

Alle Leiter der Hühnerprüfungsanstalten und ihre Mitarbeiter haben zu der erfolgreichen Durchführung der Leistungsprüfungen bei Hühnern beigetragen und sich damit den Dank für ihre Arbeit verdient.

Tabelle 1

Beschickung der Hühnerprüfungsanstalten

Jahr	Bezirks-Tierzuchtinspektionen	Wirtschaftsgeflügel					Rassegeflügel		Kreuzungen	Prüfungsgruppen insgesamt
		Anzahl der		Herkunft der Pr.-Gr. nach Art des Zuchtbetriebes			Anzahl der			
		Einsender	Prüf. Gr.	Herdbuchzuchten	Anwärterzuchten	Vermehrungszuchten	Einsender	Gruppen		
1955—59(5)	Alle TI zus.	371	449	346	87	16	87	48	3	500
	in %	—	—	77.1	19.4	3.5	—	—	—	—
1959/60	Alle TI zus.	83	114	68	39	7	11	11	1	126
	in %	—	—	59.7	34.2	6.1	—	—	—	—
1960/61	Alle TI zus.	81	127	91	21	15	8	9	8	144
	in %	—	—	71.7	16.5	11.8	—	—	—	—
	Rostock	5	6	5	1	—			1	7
	Schwerin	2	5	5	—	—			—	5
	Neubrandenburg	3	4	3	1	—			—	4
	Potsdam	11	19	14	5	—			—	19
	Frankfurt	3	6	5	1	—			3	9
	Cottbus	3	5	5	—	—			—	5
	Magdeburg	10	16	13	3	—			—	16
	Halle	9	22	11	8	3			1	23
	Erfurt	4	6	4	2	—			—	6
	Gera	4	6	4	—	2			2	8
	Suhl	1	2	2	—	—				2
	Dresden	9	9	4	—	5			—	9
	Leipzig	6	8	6	—	2			1	9
	Karl-Marx-Stadt	11	13	10	—	3			—	13

Tabelle 2

Bestandsveränderungen

Jahr	HPA	Rasse	Anfangsbestand		Endbestand		Abgänge				Von den Abgängen			
											Verluste		aus aufgelösten Gr. zurückgesandte	
			Gruppen	Hennen	Gruppen	%	Gruppen	%	Hennen	%	Hennen	%	Hennen	%
1955-59(5)	Alle HPA zus.	alle Rassen	497	4970	433	87.1	64	12.9	940	18.9	430	8.7	509	10.2
1959/60	Alle HPA zus.	W. Leghorn	60	600	53	88.3	7	11.7	111	18.5	61	10.2	50	8.3
1959/60	Alle HPA zus.	Rebh. Ital.	39	390	36	92.3	3	7.7	51	13.1	29	7.4	22	5.6
1959/60	Alle HPA zus.	Kennf. Ital.	2	20	—	—	2	100	20	100	4	20.0	16	80.0
1959/60	Alle HPA zus.	New Hampsh.	9	90	9	100	—	—	5	55.6	5	55.6	—	—
1959/60	Alle HPA zus.	N. H., weiß	1	10	1	100	—	—	—	—	—	—	—	—
1959/60	Alle HPA zus.	Sussex	2	20	1	50.0	1	50.0	11	55.0	3	15.0	8	40.0
1959/60	Alle HPA zus.	Rhodeländ.	1	10	1	100	—	—	1	10.0	1	10.0	—	—
1959/60	Alle HPA zus.	Plymouth	1	10	1	100	—	—	1	10.0	1	10.0	—	—
1959/60	Wirtschaftsrassen Sa.:		115	1150	102	88.7	13	11.3	200	17.4	104	9.0	96	8.3
1959/60	Rassegeflügel	Sa.:	11	110	11	100	—	—	8	7.3	8	7.3	—	—
1959/60	Alle HPA u. Rassen zus.		126	1260	113	89.7	13	10.3	208	16.5	112	8.9	96	7.6
1959/60	Altenberga	W. Leghorn	16	160	15	93.8	1	6.3	25	15.6	18	11.3	7	4.3
1959/60	Blumberg	W. Leghorn	11	110	9	81.8	2	18.2	27	24.5	14	12.7	13	11.8
1959/60	Blumberg	Rebh. Ital.	12	120	10	83.3	2	16.7	26	21.7	12	10.0	14	11.7
1959/60	Blumberg	Kennf. Ital.	1	10	—	—	1	100	10	100	2	20.0	8	80.0
1959/60	Blumberg	New Hampsh.	7	70	7	100	—	—	5	7.1	5	7.1	—	—
1959/60	Blumberg	N. H., weiß	1	10	1	100	—	—	—	—	—	—	—	—
		zusammen:	32	320	27	84.4	5	15.6	68	21.3	33	10.3	35	10.9

Tabelle 2 (Fortsetzung)

Jahr	HPA	Rasse	Anfangsbestand		Endbestand		Abgänge				Von den Abgängen			
											Verluste		aus aufgelösten Gr. zurückgesandte	
			Gruppen	Hennen	Gruppen	%	Gruppen	%	Hennen	%	Hennen	%	Hennen	%
1959/60	Dummerstorf	W. Leghorn	9	90	8	88.9	1	11.1	17	18.9	9	10.0	8	8.9
1959/60	Dummerstorf	Rebh. Ital.	4	40	4	100	—	—	5	12.5	5	12.5	—	—
1959/60	Wirtschaftsrassen	Sa.:	13	130	12	92.3	1	7.7	22	16.9	14	10.8	8	6.2
1959/60	Rassegeflügel	Sa.:	1	10	1	100	—	—	1	10.0	1	10.0	—	—
1959/60	Dummerstorf	zusammen:	14	140	13	92.9	1	7.1	23	16.4	15	10.7	8	5.7
1959/60	Merbitz	W. Leghorn	7	70	6	85.7	1	14.3	14	20.0	7	10.0	7	10.0
1959/60	Merbitz	Rebh. Ital.	12	120	12	100	—	—	6	5.0	6	5.0	—	—
1959/60	Merbitz	Sussex	2	20	1	50.0	1	50.0	11	55.0	3	15.0	8	40.0
1959/60	Merbitz	Plymouth	1	10	1	100	—	—	1	10.0	1	10.0	—	—
1959/60	Wirtschaftsrassen	Sa.:	22	220	20	90.9	2	9.1	32	14.5	17	7.7	15	6.8
1959/60	Rassegeflügel	Sa.:	10	100	10	100	—	—	7	7.0	7	7.0	—	—
1959/60	Merbitz	zusammen:	32	320	30	93.8	2	6.3	39	12.2	24	7.5	15	4.7
1959/60	Schlobachshof	W. Leghorn	17	170	15	88.2	2	11.8	28	16.5	13	7.6	15	8.8
1959/60	Schlobachshof	Rebh. Ital.	11	110	10	90.9	1	9.1	14	12.7	6	5.5	8	7.3
1959/60	Schlobachshof	Kennf. Ital.	1	10	—	—	1	100	10	100	2	20.0	8	80.0
1959/60	Schlobachshof	NewHampsh.	2	20	2	100	—	—	—	—	—	—	—	—
1959/60	Schlobachshof	Rhodel.	1	10	1	100	—	—	1	10.0	1	10.0	—	—
1959/60	Schlobachshof	zusammen:	32	320	28	87.5	4	12.5	53	16.6	22	6.9	31	9.7

Tabelle 3

Anzahl und Ursachen der Verluste während der Prüfungsdauer

Jahr	Ursachen der Verluste	Hühnerprüfungsanstalt					Rassegeflügel	insges.
		Altenberga	Blumberg	Dummerstorf	Merbitz	Schlobachshof	Hennen	Hennen
1955—59(5)	Verluste zusammen — absolut	75	89	—	71	129	66	430
1955—59(5)	Verluste zusammen — in %	9.4	6.9	—	7.6	9.1	14.0	8.7
1959/60	Verluste zusammen — absolut	18	33	14	17	22	8	112
1959/60	Verluste zusammen — in %	11.3	10.3	10.8	7.7	6.9	7.3	8.9
1959/60	Mareksche Lähme	—	—	—	1	2	—	3
	Leukose	1	10	3	2	7	2	25
	Tuberkulose	—	—	1	—	—	—	1
	Koligranulomatose	—	—	—	—	1	—	1
	Herzbeutelentzündung	1	2	—	1	2	—	6
	Sarkomatose	—	—	—	—	1	1	2
	Leberentzündung	1	4	1	5	—	1	12
	Gicht (Nieren, Leber, Eingeweide)	—	5	1	2	1	—	9
	Nierenentzündung — entartung	—	—	—	1	—	—	1
	Darmentzündung	—	2	1	1	1	—	5
	Wurmbefall	1	—	—	—	—	—	1
	Erkrankung der Legeorgane	7	7	4	2	6	3	29
	Luftsack-, Lungenentzündung	—	—	—	1	—	—	1
	Unfall	4	1	3	—	—	1	9
	Innere Verblutung	—	2	—	—	1	—	3
	Ohne Befund bzw. ungeklärt	3	—	—	1	—	—	4

Tabelle 4
Die Ergebnisse der Hühnerleistungsprüfung

Jahr	HPA	Zahl der Gruppen bei Prüfungs- anfang	Zahl der Gruppen bei Prüfungs- ende	∅ Leistung je Henne Ei-zahl	∅ Leistung je Henne Winter-eier	∅ Leistung je Henne Eigewicht g	∅ Leistung je Henne Eimasse kg	Futter- verzehr je Huhn und Tag	Futter- aufwand je 100 g Eimasse	Körpergewicht bei Prüfungs- anfang g	Körpergewicht bei Prüfungs- ende g	Zunahme g	Zunahme %	Im EL eingetragene Gruppen
						a) Weiße Leghorn								
1955—59(5)	Alle HPA zus.	212	181	207.6	79.9	56.7	11.8	120.4	350.3	1528	1827	299	19.6	78
1959/60	Alle HPA zus.	60	53	197.9	80.4	57.0	11.3	119.8	363.3	1585	1912	327	20.6	18
1959/60	Altenberga	16	15	174.9	83.1	57.8	10.1	114.5	387.8	1522	1899	377	24.8	1
1959/60	Blumberg	11	9	212.9	84.9	57.2	12.2	117.5	330.6	1610	1922	312	19.4	5
1959/60	Dummerstorf	9	8	207.0	88.9	55.9	11.6	118.3	349.7	1504	1868	364	24.2	4
1959/60	Merbitz	7	6	184.7	63.4	56.5	10.4	118.4	385.8	1679	1879	200	11.9	2
1959/60	Schlobachshof	17	15	212.3	77.3	56.9	12.1	127.7	361.9	1635	1955	321	19.6	6
						b) Rebhf. Italiener								
1955—59(5)	Alle HPA zus.	168	150	202.9	77.1	56.7	11.5	121.1	359.5	1593	1873	280	17.6	54
1959/60	Alle HPA zus.	39	36	205.4	81.7	57.9	11.9	124.4	360.7	1664	1941	277	16.6	18
1959/60	Blumberg	12	10	216.9	87.6	58.0	12.6	121.4	336.0	1690	1952	262	15.5	6
1959/60	Dummerstorf	4	4	185.2	75.9	57.0	10.6	119.3	382.1	1534	1807	273	17.8	1
1959/60	Merbitz	12	12	196.6	66.2	58.1	11.4	126.7	381.9	1708	1918	210	12.3	4
1959/60	Schlobachshof	11	10	212.2	95.9	57.7	12.2	126.6	355.0	1635	2007	372	22.8	7
						c) Kennf. Italiener								
1955—59(5)	Alle HPA zus.	17	16	190.1	74.7	58.8	11.2	121.4	369.5	1589	1945	356	22.4	4
1959/60	Alle HPA zus.	2	—	—	—	—	—	—	—	—	—	—	—	—
1959/60	Blumberg	1	—	—	—	—	—	—	—	—	—	—	—	—
1959/60	Schlobachshof	1	—	—	—	—	—	—	—	—	—	—	—	—

Tabelle 4 (Fortsetzung)

Jahr	HPA	Zahl der Gruppen bei Prüfungs- anfang	Zahl der Gruppen bei Prüfungs- ende	∅ Leistung je Henne: Ei-zahl	∅ Leistung je Henne: Winter-eier	∅ Leistung je Henne: Eige-wicht g	∅ Leistung je Henne: Ei-masse kg	Futter- verzehr je Huhn und Tag	Futter- aufwand je 100 g Eimasse	Körpergewicht bei Prüfungs- anfang g	Körpergewicht bei Prüfungs- ende g	Zunahme g	Zunahme %	Im EL eingetragene Gruppen
						d) New Hampshire								
1955—59(5)	Alle HPA zus.	25	25	208.2	84.9	58.2	12.1	135.6	389.1	2180	2624	444	20.4	10
1959/60	Alle HPA zus.	9	9	219.6	88.3	58.0	12.7	142.4	385.0	2205	2703	498	22.6	4
1959/60	Blumberg	7	7	210.6	83.3	58.4	12.3	140.2	390.6	2209	2707	498	22.5	3
1959/60	Schlobachshof	2	2	251.0	105.8	57.0	14.3	149.9	368.0	2193	2688	495	22.6	1
						e) New Hampshire, weiß								
1959/60	Blumberg	1	1	167.2	69.1	59.1	9.9	126.3	448.3	1914	2656	742	38.8	—
						f) Sussex								
1955—59(5)	Alle HPA zus.	8	7	187,0	64.8	55.3	10.4	129.2	423.5	2022	2340	318	15.7	—
1959/60	Merbitz	2	1	191.4	66.1	54.3	10.4	155.2	437.1	2189	2589	400	18.3	—
						g) Rhodeländer								
1957—59(3)	Alle HPA zus.	9	8	198.2	88.1	54.4	10.8	130.7	411.7	2016	2388	372	18.5	—
1959/60	Schlobachshof	1	1	239.1	104.7	56.8	13.6	148.7	377.9	2528	2756	228	9.0	—
						h) W. Plymouth								
1959/60	Merbitz	1	1	194.9	84.7	61.2	11.9	145.1	386.9	2337	2643	306	13.1	—
						i) Rassegeflügel								
1955—59(5)	Alle HPA zus.	47	39	145.3	47.7	57.8	8.4	121.6	419.9	1900	2235	335	17.6	2
1959/60	Alle HPA zus.	11	11	158.0	58.6	57.0	9.0	126.0	482.8	2013	2370	357	17.7	—
1959/60	Merbitz	10	10	154.4	56.5	57.4	8.9	126.0	491.3	2031	2378	347	17.1	—
1959/60	Dummerstorf	1	1	194.0	79.1	54.1	10.5	126.3	411.4	1645	2060	415	25.2	—

Tabelle 5

Die beste Prüfungsgruppe 1959/60 im Vergleich zu 1958/59

Jahr	Rasse	Gruppe Nr. HPA	Züchter	Ø Leistung der Gruppe Ei-zahl	Win-ter-eier	Eige-wicht g	Ei-masse kg	Futter-aufwand je 100 g Eimasse	Leistungs-punkte	Körpergewicht bei Prüfungs-anfang g	ende g
1958/59	Weiße Leghorn	450 Blumberg	Hoppe Dabel	282.3	116.5	54.6	15.4	284	323	1628	1881
1959/60	Weiße Leghorn	547 Blumberg	VEG Jabel	237.8	96.9	58.4	13.9	298	286	1641	2006
1958/59	Rebhuhnf. Italiener	522 Schlobachshof	Schlobachshof	243.1	103.4	56.8	13.8	291	295	1590	1930
1959/60	Rebhf. Italiener	566 Blumberg	Joh. Kaiser Damsdorf	238.6	96.4	58.5	14.0	310	275	1706	1797
1958/59	Kennfarb. Italiener	468 Merbitz	VG. Altenberga	236.7	91.2	58.3	13.8	338	242	1683	2061
1959/60	Kennf. Italiener	—	—	—	—	—	—	—	—	—	—
1958/59	New Hampshire	463 Blumberg	Joh. Kaiser Damsdorf	244.5	97.1	60.9	14.9	350	278	2269	2813
1959/60	New Hampshire	657 Schlobachshof	Friedrich Bartmühle	280.4	114.9	56.9	16.0	337	307	2185	2605
1958/59	Sussex	488 Merbitz	LPG Rieder	187.7	80.0	53.6	10.1	476	142	2012	2574
1959/60	Sussex	615 Merbitz	LPG Rieder	191.4	66.1	54.3	10.4	473	138	2189	2588
1958/59	Rhodeländer	528 Schlobachshof	Reinhold Waldkirchen	187.6	86.0	52.5	9.9	485	143	1980	2378
1959/60	Rhodeländer	656 Schlobachshof	Reinhold Waldkirchen	239.1	104.7	56.7	13.6	378	237	2528	2756
1958/59	Rassegeflügel	492 Merbitz	Kremzow Bln.-Blankenbg.	159.9	57.5	60.3	9.6	358	163	1744	1818
1959/60	Rassegeflügel	624 Merbitz	Steinmetz Annaberg	187.5	85.0	63.4	11.9	404	187	2128	2600

Tabelle 6

Die Hennen mit den besten Einzelleistungen 1959/60 (nach der Eimasse)

Rasse	Henne Nr.	aus Gruppe Nr.	Züchter	Leistung der Henne: Eier insg.	Winter-eier	∅-Eigewicht g	Eimasse kg	∅ Leistung der Gruppe: Eizahl	Winter-eier	Eigewicht g	Eimasse kg	Futteraufwand je 100 g Eimasse g	Leistungs-punkte
			a) Leichte Rassen										
W. L.	4821	547	VEG Jabel	299	116	60.3	18.0	238	97	58.4	13.9	298	286
R. I.	938	558	LPG Borne	286	123	62.1	17.8	257	109	59.2	15.2	304	300
W. L.	48	631	LPG Jahnsdorf	284	120	60.3	17.1	220	76	56.6	12.5	364	193
W. L.	3361	640	LPG Struppen	274	116	61.7	16.9	224	89	59.1	13.2	338	236
W. L.	916	558	LPG Borne	294	126	57.4	16.8	257	109	59.2	15.2	304	300
W. L.	4936	548	VEG Jabel	270	92	61.9	16.7	226	98	57.9	13.1	297	280
R. I.	80	602	Baumgarten Büßleben	267	109	61.6	16.5	227	85	61.7	14.0	336	246
R. I.	855	558	LPG Borne	271	92	60.8	16.5	257	109	59.2	15.2	304	300
W. L.	7367	550	VEG Oranienburg	285	125	57.9	16.5	251	105	54.5	13.7	315	268
W. L.	5744	583	Hoppe Dabel	285	114	57.9	16.5	234	101	55.8	13.0	342	232
W. L.	287	556	Bergmann Wensickendorf	261	110	62.7	16.4	227	102	59.4	13.5	316	267
R. I.	2502	644	LPG Benndorf	250	94	65.0	16.3	174	58	60.5	11.0	393	139
W. L.	8164	635	Gebr. Plotz Eppendorf	284	128	57.4	16.3	228	89	55.8	12.7	342	224
R. I.	107	602	O. Baumgarten Büßleben	244	97	66.3	16.2	227	85	61.7	14.0	336	246
R. I.	1155	566	Joh. Kaiser Damsdorf	266	120	60.8	16.2	239	96	58.5	14.0	310	275

Tabelle 6 (Fortsetzung)

Rasse	Henne Nr.	aus Gruppe Nr.	Züchter	Leistung der Henne: Eier insg.	Winter-eier	⌀-Eigewicht g	Eimasse kg	⌀ Leistung der Gruppe: Eizahl	Winter-eier	Eigewicht g	Eimasse kg	Futteraufwand je 100 g Eimasse g	Leistungs-punkte
b) Mittelschwere Rassen													
N. H.	581	657	Friedrich Bartmühle	279	119	64.4	18.0	280	115	56.9	16.0	337	307
N. H.	481	574	VEG Blankenfelde	259	108	68.9	17.9	195	89	65.0	12.7	388	216
N. H.	634	657	Friedrich Bartmühle	299	131	59.6	17.8	280	115	56.9	16.0	337	307
N. H.	595	657	Friedrich Bartmühle	312	125	56.9	17.8	280	115	56.9	16.0	337	307
N. H.	890	658	Charlotte Henrici Altenbach	263	111	63.1	16.6	222	97	57.0	12.6	407	193
N. H.	625	657	Friedrich Bartmühle	296	116	55.9	16.5	280	115	56.9	16.0	337	307
N. H.	8345	572	Inst. Blumberg	269	113	60.8	16.4	212	89	55.9	11.9	381	206
Rhdl.	3828	656	Reinhold Waldkirchen	298	140	54.7	16.3	239	105	56.7	13.6	378	237
N. H.	618	657	Friedrich Bartmühle	301	127	54.0	16.3	280	115	56.9	16.0	373	307
N. H.	8297	572	Inst. Blumberg	272	118	59.7	16.2	212	89	55.9	11.9	381	206
N. H.	434	574	VEG Blankenfelde	250	104	63.3	15.8	195	89	65.0	12.7	388	216
N. H.	7856	573	Inst. Blumberg	226	96	69.4	15.7	218	70	62.6	13.7	362	238
N. H.	8206	573	Inst. Blumberg	229	59	68.4	15.7	218	70	62.6	13.7	362	238
N. H.	8168	573	Inst. Blumberg	273	103	57.5	15.7	218	70	62.6	13.7	362	238
Rhdl.	3907	656	Reinhold Waldkirchen	266	105	57.5	15.5	239	105	56.7	13.6	378	237

Tabelle 7

Einteilung in Leistungsklassen

Jahr	HPA	Gr.	a) nach Eizahl								b) nach Wintereier				c) nach Eigewicht					
			bis 189		190 bis 200		200 bis 220	über 220	200 bis 220	über 220	bis 59		60 u. mehr		unter 55		55—57		über 57	
			Anz.	%	Anz.	%	Anz.	Anz.	%	%	Anz.	%	Anz.	%	Anz.	%	Anz.	%	Anz.	%
							a) Weiße Leghorn													
1955—59(5)	Alle HPA zus.	181	41	22.7	30	16.6	110		60.7		24	13.3	157	86.7	36	19.9	75	41.4	70	38.7
1959—60	Alle HPA zus.	53	23	43.4	5	9.4	12	13	22.6	24.6	4	7.5	49	92.5	9	17.0	18	34.0	26	49.0
1959/60	Altenberga	15	13	86.7	2	13.3	—	—	—	—	—	—	15	100	—	—	5	33.3	10	66.7
1959/60	Blumberg	9	2	22.2	1	11.1	2	4	22.2	44.5	1	11.1	8	88.9	2	22.2	1	11.1	6	66.7
1959/60	Dummerstorf	8	4	50.0	—	—	—	4	—	50.0	—	—	8	100	1	12.5	5	62.5	2	25.0
1959/60	Merbitz	6	3	50.0	1	16.7	2	—	33.3	—	2	33.3	4	66.7	2	33.3	3	50.0	1	16.7
1959/60	Schlobachshof	15	1	6.7	1	6.7	8	5	53.3	33.3	1	6.7	14	93.3	4	26.7	4	26.7	7	46.6
							b) Rebhf. Italiener													
1955—59(5)	Alle HPA zus.	150	35	23.3	26	17.3	89		59.4		22	14.7	128	85.3	36	24.0	51	34.0	63	42.0
1959/60	Alle HPA zus.	36	10	27.8	4	11.1	13	9	36.1	25.0	5	13.9	31	86.1	3	8.3	9	25.0	24	66.7
1959/60	Blumberg	10	2	20.0	—	—	5	3	50.0	30.0	—	—	10	100	—	—	3	30.0	7	70.0
	Dummerstorf	4	2	50.0	1	25.0	1	—	25.0	—	—	—	4	100	1	25.0	1	25.0	2	50.0
	Merbitz	12	4	33.3	3	25.0	3	2	25.0	16.7	3	25.0	9	75.0	1	8.3	2	16.7	9	75.0
	Schlobachshof	10	2	20.0	—	—	4	4	40.0	40.0	2	20.0	8	80.0	1	10.0	3	30.0	6	60.0
							c) Kennf. Italiener													
1955—59(5)	Alle HPA zus.	16	8	50.0	4	25.0	4		25.0		—	—	16	100	1	6.3	2	12.5	13	81.2
1959/60	Alle HPA zus.	—	—	—	—	—	—		—		—	—	—	—	—	—	—	—	—	—
1959/60	Blumberg	—	—	—	—	—	—	—	—	—	—	—	—	—	—	—	—	—	—	—
	Schlobachshof	—	—	—	—	—	—	—	—	—	—	—	—	—	—	—	—	—	—	—

Tabelle 7 (Fortsetzung)

Jahr	HPA	Gr.	a) nach Eizahl								b) nach Wintereier				c) nach Eigewicht					
			bis 189		190 bis 200		200 bis 220	über 220	200 bis 220	über 220	bis 59		60 u. mehr		unter 55		55—57		über 57	
			Anz.	%	Anz.	%	Anz.	Anz.	%	%	Anz.	%	Anz.	%	Anz.	%	Anz.	%	Anz.	%
d) New Hampshire																				
1955—59(5)	Alle HPA zus.	25	7	28.0	3	12.0	15		60.0		3	12.0	22	88.0	4	16.0	7	28.0	14	56.0
1959/60	Alle HPA zus.	9	1	11.1	1	11.1	2	5	22.2	55.6	—	—	9	100	1	11.1	4	44.4	4	44.5
1959/60	Blumberg	7	1	14.3	1	14.3	2	3	28.6	42.8	—	—	7	100	1	14.3	2	28.6	4	57.1
1959/60	Schlobachshof	2	—	—	—	—	—	2	—	100	—	—	2	100	—	—	2	100	—	—
e) New Hampshire weiß																				
1959/60	Blumberg	1	1	100	—	—	—	—	—	—	—	—	1	100	—	—	—	—	1	100
f) Sussex																				
1955—59(5)	Alle HPA zus.	7	4	57.1	1	14.3	2		28.6		2	28.6	5	71.4	3	42.8	2	28.6	2	28.6
1959/60	Merbitz	1	—	—	1	100	—	—	—	—	—	—	1	100	1	100	—	—	—	—
g) Rhodeländer																				
1955—59(4)	Alle HPA zus.	8	3	37.5	1	12.5	4		50.0		1	12.5	7	87.5	5	62.5	3	27.5	—	—
1959/60	Schlobachshof	1	—	—	—	—	—	1	—	100	—	—	1	100	—	—	1	100	—	—
h) Plymouth																				
1959/60	Merbitz	1	—	—	1	100	—	—	—	—	—	—	1	100	—	—	—	—	1	100

Tabelle 7a

Einteilung in Leistungsklassen

Jahr	HPA	Gr.	a) nach Eimasse						b) nach Futteraufwand je 100 g Eimasse											
			bis 10,0 kg		10,1 bis 12,0 kg		über 12,0 kg		über 400 g		391 bis 400 g		376 bis 390 g		351 bis 375 g		301 bis 350 g		bis 300 g	
			Anz.	%	Anz.	%	Anz.	%	Anz.	%	Anz.	%	Anz.	%	Anz.	%	Anz.	%	Anz.	%
	Weiße Leghorn																			
1955—59(5)	alle HPA zus.	181	28	15,5	73	40,3	80	44,2	11	6,1	17	9,4	18	9,9	42	23,2	80	44,2	13	7.2
1959/60	alle HPA zus.	53	16	30,2	18	34,0	19	35,8	10	18,9	5	9,4	3	5,7	14	26,4	18	33,9	3	5,7
1959/60	Altenberga	15	8	53,3	7	46,7	—	—	5	33,3	4	26,7	1	6,7	2	13,3	3	20,0	—	—
1959/60	Blumberg	9	1	11,1	2	22,2	6	66,7	1	11,1	—	—	—	—	1	11,1	5	55,6	2	22,2
1959/60	Dummerstorf	8	4	50,0	—	—	4	50,0	1	12,5	—	—	1	12,5	1	12,5	4	50,0	1	12,5
1959/60	Merbitz	6	2	33,3	3	50,0	1	16,7	1	16,7	—	—	1	16,7	3	60,0	1	16,6	—	—
1959/60	Schlobachshof	15	1	6,7	6	40,0	8	53,3	2	13,3	1	6,7	—	—	7	46,7	5	33,3	—	—
	Rebhuhnfarbige Italiener																			
1955—59(5)	alle HPA zus.	150	22	14,7	65	43,3	63	42,0	16	10,7	13	8,7	16	10,7	42	28,0	58	38,6	5	3,3
1959/60	alle HPA zus.	36	5	13,9	15	41,7	16	44,4	5	13,9	2	5,6	4	11,1	11	30,5	14	38,9	—	—
1959/60	Blumberg	10	—	—	4	40,0	6	60,0	—	—	—	—	—	—	2	20,0	8	80,0	—	—
1959/60	Dummerstorf	4	3	75,0	1	25,0	—	—	2	50,0	—	—	1	25,0	—	—	1	25,0	—	—
1959/60	Merbitz	12	2	16,7	6	50,0	4	33,3	3	25,0	1	8,3	2	16,7	5	41,7	1	8,3	—	—
1959/60	Schlobachshof	10	—	—	4	40,0	6	60,0	—	—	1	10,0	1	10,0	4	40,0	4	40,0	—	—
	Kennfarbige Italiener																			
1955—59(5)	alle HPA zus.	16	4	25,0	8	50,0	4	25,0	2	12,5	4	25,0	—	—	4	25,0	6	37,5	—	—
1959/60	alle HPA zus.	—	—	—	—	—	—	—	—	—	—	—	—	—	—	—	—	—	—	—
1959/60	Blumberg	—	—	—	—	—	—	—	—	—	—	—	—	—	—	—	—	—	—	—
1959/60	Schlobachshof	—	—	—	—	—	—	—	—	—	—	—	—	—	—	—	—	—	—	—

Tabelle 7a (Fortsetzung)

Einteilung in Leistungsklassen

Jahr	HPA	Gr.	a) nach Eimasse						b) nach Futteraufwand je 100 g Eimasse											
			bis 10,0 kg		10,1 bis 12,0 kg		über 12,0 kg		über 400 g		391 bis 400 g		376 bis 390 g		351 bis 375 g		301 bis 350 g		bis 300 g	
			Anz.	%	Anz.	%	Anz.	%	Anz.	%	Anz.	%	Anz.	%	Anz.	%	Anz.	%	Anz.	%
	New Hampshire																			
1955—59(5)	alle HPA zus.	25	—	—	9	36,0	16	64,0	10	40,0	4	16,0	1	4,0	4	16,0	5	20,0	1	4,0
1959/60	alle HPA zus.	9	—	—	3	33,3	6	66,7	3	33,4	2	22,2	1	11,1	2	22,2	1	11,1	—	—
1959/60	Blumberg	7	—	—	3	42,9	4	57,1	2	28,6	2	28,6	1	14,2	2	28,6	—	—	—	—
1959/60	Schlobachshof	2	—	—	—	—	2	100	1	50,0	—	—	—	—	—	—	1	50,0	—	—
	New Hampshire, weiß																			
1959/60	Blumberg	1	1	100	—	—	—	—	1	100	—	—	—	—	—	—	—	—	—	—
	Sussex																			
1955—59(5)	alle HPA zus.	7	3	42,8	2	28,6	2	28,6	5	71,4	—	—	—	—	—	—	2	28,6	—	—
1959/60	Merbitz	1	—	—	1	100	—	—	1	100	—	—	—	—	—	—	—	—	—	—
	Rhodeländer																			
1955—59(4)	alle HPA zus.	8	2	25,0	4	50,0	2	25,0	3	37,5	1	12,5	1	12,5	3	37,5	—	—	—	—
1959/60	Schlobachshof	1	—	—	—	—	1	100	—	—	—	—	1	100	—	—	—	—	—	—
	Plymouth																			
1959/60	Merbitz	1	—	—	1	100	—	—	—	—	—	—	1	100	—	—	—	—	—	—

Tabelle 8
Die Ergebnisse der Zuchtleistungsprüfung

Jahr	HPA	Zahl bzw. Nr. der Gr.	Bruteiereinlage		befruchtet		geschlüpft		Aufzucht-verluste		Körpergewicht		Prüfungs-bedingungen erfüllt		
			Hennen	Stück	Stück	%	Stück	%	Stück	%	1. Tag im Ø g	70. Tag im Ø g	Gr.	Mütter	Hennen
Weiße Leghorn															
1957—59(2)	Altenb. u. Blumberg	31	288	9059	8112	89,5	6470	71,4	152		41,6	671,9	8	12	39
1959/60	Altenb. u. Blumberg	23	223	5888	5413	91,9	4863	82,6	111	5,1	41,6	761,8	5	7	30
1959/60	Altenberga	15	147	3429	3120	91,0	2735	79,8	91	6,5	42,3	755,8	1	1	5
1959/60	Blumberg	8	76	2459	2293	93,2	2128	86,5	20	2,6	40,4	772,0	4	6	25
Rebhuhnfarbige Italiener															
1957—59(2)	Altenb. u. Blumberg	17	166	5389	5066	94,0	4380	81,3	89		41,7	659,9	6	8	34
1959/60	Blumberg	7	70	2121	1987	93,7	1828	86,2	27	4,0	39,3	728,6	5	9	34
New Hampshire															
1958/59	Blumberg	4	39	1037	992	95,7	799	77,0	22		43,3	882,0	2	2	10
1959/60	Blumberg	7	70	1647	1620	98,4	1361	82,6	22	3,8	41,7	938,4	2	2	4

Die Einzelergebnisse der Zuchtleistungsprüfung 1959/60

Weiße Leghorn

HPA Altenberga	Nr. der Gr.	Hennen	Stück	befruchtet Stück	%	geschlüpft Stück	%	Aufzuchtverluste Stück	%	1. Tag im Ø g	70. Tag im Ø g	Gr.	Mütter	Hennen
VG Altenberga	531	10	203	180	88,7	171	84,2	15	5,0	43,4	843,1	—	—	—
W. Arnold, Tautenhain	533	10	277	207	74,7	166	59,9	11	3,3	42,1	720,0	—	—	—
W. Burkhardt, Wachenbrunn	534	10	178	163	91,6	135	75,8	11	5,6	42,0	733,9	—	—	—
LPG Deersheim	535	9	255	244	95,7	234	91,8	20	5,1	40,0	686,4	—	—	—
VEG Deubachshof	536	9	237	220	92,9	186	78,5	8	2,2	41,8	739,6	—	—	—
VG Etzdorf	537	10	271	247	91,1	219	80,8	12	2,9	42,4	758,2	—	—	—
LPG Hainspitz	538	10	225	216	96,0	175	77,8	4	1,4	42,9	754,2	—	—	—
Matthes, Kleinbernsdorf	539	10	271	256	94,5	216	79,7	34	8,4	43,2	753,6	—	—	—
LPG Oberpörlitz	540	10	267	255	95,5	229	85,8	13	3,9	42,8	764,9	—	—	—
LPG Possendorf	541	10	167	165	98,8	156	93,4	25	8,8	42,6	770,3	—	—	—
Geflügelschule Premyslovice (CSR)	542	10	195	167	85,6	136	69,7	5	1,8	42,3	783,0	—	—	—
Geflügelschule Premyslovice (CSR)	543	10	203	166	81,8	127	62,6	11	5,3	41,7	755,0	—	—	—
Karl Schenk, Schern	544	10	253	240	94,9	227	89,7	7	1,5	41,6	697,4	—	—	—
LPG Stedten	545	10	184	163	88,6	134	72,8	9	3,4	42,7	747,2	—	—	—
LPG Tiefengruben	546	9	243	231	95,1	224	92,2	14	3,1	42,2	782,1	1	1	5

Tabelle 8 (Fortsetzung)

Die Einzelergebnisse der Zuchtleistungsprüfung 1959/60

HPA	Gr.-Nr.	Bruteiereinlage		befruchtet		geschlüpft		Aufzucht-verluste		Körpergewicht		Prüfungs-bedingungen erfüllt		
		Hennen	Stück	Stück	%	Stück	%	Stück	%	1. Tag im Ø g	70. Tag im Ø g	Gr.	Mütter	Hennen
HPA Blumberg				Weiße Leghorn										
VEG Jabel	547	10	368	252	68,5	224	60,9	4	5,1	39,6	773,7	—	—	—
VEG Jabel	548	10	351	348	99,1	327	93,2	3	2,9	41,2	767,9	—	—	—
VEG Oranienburg-Luisenhof	549	10	321	319	99,4	305	95,0	3	2,9	39,9	762,5	1	1	5
VEG Oranienburg-Luisenhof	550	10	332	301	90,7	259	78,0	7	6,4	38,3	792,2	1	1	4
VEG Schmerwitz	551	10	263	260	98,9	244	92,8	—	—	43,5	795,4	—	—	—
U. Billau, Priort	554	8	201	200	99,5	189	94,0	—	—	38,6	711,8	—	—	—
Bergmann, Wensickendorf	555	10	338	332	98,2	318	94,1	2	2,0	40,7	796,7	1	2	7
Bergmann, Wensickendorf	556	10	285	281	98,6	262	91,9	1	1,1	40,8	766,1	1	2	9
HPA Blumberg				Rebhuhnfarbige Italiener										
VEG Criewen	561	10	366	338	92,3	322	88,0	2	1,7	39,3	753,7	1	2	8
VEG Neuenhagen	562	10	317	311	98,1	285	89,9	3	2,4	39,0	747,1	1	2	10
VEG Neuenhagen	563	10	293	291	99,3	270	92,2	3	3,2	38,4	762,0	—	—	—
VEG Rheinshagen	564	10	283	238	84,1	213	75,3	3	3,3	38,9	658,7	1	1	3
J. Kaiser, Damsdorf	566	10	305	260	85,2	231	75,7	1	1,5	40,5	736,1	1	2	6
Kunze, Gräbendorf	567	10	304	297	97,7	268	88,2	10	9,6	37,8	594,5	—	—	—
U. Seibicke, Zwuschen	569	10	253	252	99,7	239	94,4	5	6,1	39,3	852,9	1	2	7
				New Hampshire										
Institut Blumberg	571	9	225	221	98,2	163	72,4	1	1,2	41,9	1008,4	—	—	—
Institut Blumberg	572	10	257	254	98,8	208	80,9	1	1,1	39,7	880,1	—	—	—
Institut Blumberg	573	10	195	194	99,5	163	83,6	1	1,8	44,3	1001,6	1	1	2
VEG Blankenfelde	574	9	195	186	95,4	162	83,1	5	5,7	45,5	901,7	1	1	2
Bergmann, Wensickendorf	575	10	192	189	98,4	149	77,6	1	1,7	40,0	912,3	—	—	—
J. Kaiser, Damsdorf	576	10	334	328	98,2	297	88,9	9	7,6	41,2	976,0	—	—	—
J. Kaiser, Damsdorf	577	9	249	248	99,6	219	88,0	4	5,1	36,4	902,9	—	—	—

Tabelle 9

Die Leistungen der Prüfungsgruppen 1959/60

HPA	Gr.-Nr.	Züchter	Abgänge	Eizahl	darunter Wintereier	Eigewicht g	Eimasse kg	Futteraufwand je 100 g Eimasse	Körpergewicht bei Prüfungs- anfang g	Körpergewicht bei Prüfungs- ende g	Leistungspunkte	EL Nr.	Rang Nr.
		Weiße Leghorn — Bedingungen für die Eintragung in das EL erfüllt —											
B	547	VEG	1	238	97	58,4	13,9	298	1641	2006	286	92	1
		Jabel		95–299	56–122	55,0–61,5	5,5–18,0		1290–1670	1680–2260		(9)	
D	587	Müller-Uibrig	1	247	102	55,2	13,6	298	1500	1778	282	83	2
		Bobitz		183–279	72–117	50,7–60,8	9,3–15,5		1350–1750	1600–2300		(7)	
S	633	Kröber	–	253	96	55,5	14,1	309	1625	1980	274	89	3
		Wildenbörten		226–282	71–129	53,0–57,7	13,0–15,1		1450–1800	1800–2200		(6)	
B	550	VEG	–	251	105	54,5	13,7	315	1659	1991	268	94	4
		Oranienburg		187–289	73–126	48,6–57,9	10,7–16,5		1430–1900	1620–2280		(5)	
B	556	A. Bergmann	–	227	102	59,4	13,5	316	1544	1888	267	96	5
		Wensickendorf		140–261	80–118	56,2–63,5	8,5–16,4		1410–1710	1670–2060		(9)	
D	582	Hoppe	1	250	111	55,9	14,0	333	1644	2067	256	81	6
		Dabel	Unf.	16–286	16–128	49,5–59,1	0,8–16,1		1300–1900	1700–2500		(6)	
D	580	LPG	–	234	106	55,2	12,9	319	1440	1980	256	80	7
		Alt-Meteln		208–275	83–119	52,5–63,1	11,6–15,4		1200–1600	1700–2400		(5)	
B	555	A. Bergmann	1	209	82	57,9	12,1	315	1513	1666	242	95	8
		Wensickendorf		44–281	44–107	49,4–63,3	2,2–15,5		1360–1730	1520–1850		(7)	
M	599	LPG	–	209	86	60,4	12,6	333	1680	1926	235	84	9
		Rieder		91–262	42–118	57,1–65,2	5,3–16,0		1030–1960	1670–2170		(7)	
D	583	Hoppe	1	234	101	55,8	13,0	342	1606	1972	232	82	10
		Dabel		139–285	41–122	49,6–57,9	6,9–16,5		1400–1800	1700–2200		(8)	
A	546	LPG	2	196	94	57,8	11,3	327	1148	1769	229	97	11
		Tiefengruben	1 Unf.	56–240	56–112	54,6–61,5	3,1–14,1		1250–1540	1655–1920		(6)	
S	635	Gebr. Plotz	1	228	89	55,8	12,7	342	1578	1867	224	90	12
		Eppendorf		114–284	48–128	52,6–59,7	6,0–16,3		1450–1700	1600–2100		(5)	
S	643	LPG	1	211	71	59,0	12,4	341	1772	2190	214	91	13
		Wildenhain		18–273	18–115	52,7–65,0	0,9–15,3		1600–2000	1950–2400		(6)	

B	549	VEG	–	217	80	55,6	12,1	346	1683	2086	209	93	14
		Oranienburg		98–273	25–104	51,2–60,2	5,5–14,9		1480–1960	1780–2440		(5)	
S	627	LPG	–	205	63	59,6	12,1	344	1490	1860	205	86	15
		Breitenau		164–230	34–89	56,6–62,1	9,3–14,0		1350–1600	1600–2050		(6)	
S	628	M. Dietrich	–	210	82	59,1	12,4	361	1655	1935	200	87	16
		Wurgwitz		169–253	48–124	54,6–65,3	9,3–15,7		1300–2050	1400–2400		(8)	
S	629	H. Diewock	1	192	72	59,7	11,5	367	1555	1883	180	88	17
		Oberseidewitz		25–258	16–118	49,0–63,6	1,2–15,9		1300–1800	1650–2100		(7)	
M	600	LPG	–	200	75	54,9	10,9	362	1602	1865	177	85	18
		Stedten		36–288	36–119	52,8–56,4	1,9–16,3		1460–1740	1440–2105		(5)	

Weiße Leghorn — Bedingungen für die Eintragung in das EL nicht erfüllt —

B	548	VEG	2	226	98	57,9	13,1	297	1142	1801	280		19
		Jabel		183–270	69–119	52,8–62,6	10,3–16,7		1300–1550	1220–2290			
S	640	LPG	–	224	89	59,1	13,2	338	1645	1830	236		20
		Struppen		151–274	51–116	55,5–61,7	8,4–16,9		1500–1900	1600–2000			
A	540	LPG	1	**189**	89	57,4	10,8	345	1464	1937	203		21
		Oberpörlitz		127–229	70–112	55,6–59,2	7,1–13,6		1210–1710	1450–2580			
B	554	U. Billau	2	**187**	78	54,9	10,3	336	1395	1676	199		22
		Priort	1 Unf.	18–233	18–102	48,6–61,0	1,0–12,9		1230–1620	1440–1880			
S	632+	LPG	1	222	84	**54,3**	12,1	358	1628	2039	197		23
		Klinga		83–259	52–118	48,0–58,7	4,2–14,2		1500–1850	1750–2300			
S	637	Reinhold	2	204	78	58,6	11,9	359	1844	1900	195		24
		Waldkirchen		127–264	28–111	49,0–63,8	6,2–14,8		1750–2000	1500–2150			
D	579	LPG	2	**182**	80	55,5	10,1	339	1281	1687	195		25
		Alt-Meteln		41–248	29–113	47,5–60,2	2,0–14,8		1200–1500	1400–2100			
S	631+	LPG	–	220	76	56,6	12,5	364	1665	1970	193		26
		Jahnsdorf		164–284	31–120	53,0–60,3	9,0–17,1		1550–1850	1800–2150			
S	636	Helmut Radl	–	218	79	**53,5**	11,7	360	1630	1900	189		27
		Hermsgrün		127–262	36–116	49,7–60,6	7,1–13,9		1500–1750	1550–2150			
A	537	VG	3	**176**	69	58,2	10,3	347	1595	2002	185		28
		Etzdorf	1 Unf.	84–207	58–77	57,4–59,6	4,9–12,0		1210–1820	1650–2380			
S	639+	LPG	1	213	78	55,0	11,7	366	1983	1983	182		29
		Strauchitz		46–295	40–124	49,4–63,2	2,3–14,6		1800–1750	1800–2200			

Die mit + gezeichneten Gruppen erfüllten hinsichtlich der Zusammensetzung bzw. Abstammung nicht die Bedingung für das EL.

Tabelle 9 (Fortsetzung)

Die Leistungen der Prüfungsgruppen 1959/60

HPA	Gr.-Nr.	Züchter	Ab-gänge	Eizahl	darunter Winter-eier	Eigewicht g	Eimasse kg	Futter-aufwand je 100 g Eimasse	Körpergewicht bei Prüfungs-anfang g	Körpergewicht bei Prüfungs-ende g	Lei-stungs-punkte	EL Nr.	Rang Nr.
Weiße Leghorn-Bedingungen für die Eintragung in das EL nicht erfüllt													
A	538	LPG	**2**	**189**	96	57,1	10,8	373	1334	1762	179		30
		Hainspitz		134–222	81–116	55,5–58,5	7,4–12,6		1140–1650	1555–1925			
A	539	W. Matthes	1	**187**	82	57,3	10,7	373	1596	1932	170		31
		Kleinbernsdorf		58–217	58–107	53,3–59,5	3,1–13,4		1440–1940	1670–2215			
B	557	Geflügelzucht	–	193	**59**	57,1	11,0	370	1744	2082	164		32
		Falkensee		149–229	45–98	54,2–62,1	8,6–13,0		1630–1860	1880–2310			
A	542	Geflügelschule Premyslovice (CSR)	1	178	96	59,0	10,5	**392**	1514	2025	161		33
				108–204	79–102	57,9–61,0	6,4–12,1		1300–1700	1740–2330			
A	543		–	195	85	57,9	11,3	**394**	1365	1989	160		34
				163–225	68–98	56,1–59,7	9,5–13,3		1240–1570	1650–2300			
S	634+	LPG	1	216	77	54,8	12,0	**394**	1528	1850	160		35
		Niederau	Unf.	13–266	13–113	50,6–59,5	0,7–14,6		1150–1700	1600–2000			
M	601	VEG	**2**	**184**	73	52,8	9,7	365	1588	1529	160		36
		Zackmünde		8–259	8–109	48,6–56,2	0,4–14,2		1250–1600	1055–1840			
M	596	LPG Dessau-	1	**179**	**49**	56,7	10,2	363	1601	1251	156		37
		Waldersee		95–257	5–107	52,9–62,9	5,3–14,8		1460–1760	1690–2100			
D	581	VEG	1	**182**	73	54,6	9,9	374	1411	1789	154		38
		Zackmünde		41–255	41–96	46,9–57,8	1,9–13,9		1200–1600	1300–2000			
M	597	Institut	–	205	60	56,8	11,6	**386**	1776	1982	153		39
		Merbitz		150–277	17–113	51,6–60,6	9,1–14,3		1490–2050	1700–2225			
D	585	L. Bernhardt	–	**181**	68	58,3	10,6	**383**	1660	2000	151		40
		Neukirchen		111–237	41–103	54,0–62,6	6,7–13,8		1400–1800	1600–2200			
S	630	Ch. Henrici	–	203	68	56,3	11,4	**418**	1850	2250	150		41
		Altenbach		91–262	10–113	46,8–59,5	4,3–14,4		1600–2000	2000–2800			
A	536	VEG	2	**165**	84	56,6	9,4	**384**	1535	1831	147		42
		Deubachshof		16–247	16–108	47,6–57,7	0,8–13,9		1340–1650	1415–2115			

Weiße Leghorn-Bedingungen für die Eintragung in das EL nicht erfüllt —

A	544	Karl Schenk	–	**170**	96	56,3	9,6	**423**	1290	1437	145		43
		Schern		124–223	76–109	55,4–57,3	6,9–12,8		1020–1590	960–1825			
A	533	Willy Arnold	1	**173**	79	57,7	10,0	**390**	1545	2098	144		44
		Tautenhain	Unf.	45–239	26–97	56,0–58,8	2,6–13,7		1350–1940	1780–2650			
A	541	LPG	–	**169**	88	56,7	9,6	**411**	1722	2108	144		45
		Possendorf		119–241	74–105	55,3–58,6	6,6–13,7		1490–2090	1445–2585			
A	534	W. Burkhardt	–	**168**	81	57,6	9,7	**405**	1572	1812	142		46
		Wachenbrunn		121–221	72–97	56,1–61,7	6,8–12,7		1400–1840	1245–2075			
A	545	LPG	–	**166**	74	58,4	9,7	**397**	1395	1921	138		47
		Stedten		125–218	58–100	56,7–61,3	7,2–12,8		1260–1610	1800–2235			
B	551	VEG	1	**166**	66	59,7	9,9	**413**	1823	1016	137		48
		Schmerwitz		73–219	24–117	56,5–63,9	4,2–13,5		1680–1930	1840–2290			
A	531	VG	–	**149**	68	62,5	9,3	**467**	1648	1957	135		49
		Altenberga		112–181	56–89	60,2–69,3	6,9–11,9		1380–1830	1460–2330			
S	642	LPG	–	**167**	**58**	57,9	9,7	**440**	1550	1895	129		50
		Wiesenena		5–242	3–105	54,4–63,6	0,3–13,5		1200–1950	1450–2100			
A	535	LPG	2	**157**	72	56,3	8,9	**402**	1489	1883	128		51
		Deersheim		24–267	24–111	53,6–62,4	1,3–14,9		1300–1650	1400–2120			
D	584	I. f. T.	1	150	71	57,7	8,7	**456**	1470	1610	127		52
		Dummerstorf		68–242	13–105	52,0–62,8	3,8–13,2		1200–1700	900–1900			
M	595	LPG	1	**132**	**38**	55,9	7,4	570	1818	2070	94		53
		Deersheim		20–226	14–88	43,3–59,6	1,1–13,0		1680–1940	1680–2490			

Rebhuhnfarbige Italiener — Bedingungen für die Eintragung in das EL erfüllt —

B	566	J. Kaiser	–	239	96	58,5	14,0	310	1706	1797	275	71	1
		Damsdorf		202–266	59–127	52,5–61,6	12,3–16,2		1580–1810	1450–2130		(8)	
S	645	Hans Braun	–	231	87	59,0	13,6	326	1745	1880	251	61	2
		Syrau		198–248	56–118	56,3–61,6	11,6–14,7		1550–1950	1650–2150		(9)	
M	602	O. Baumgarten	–	227	85	61,7	14,0	336	1795	2002	246	57	3
		Büßleben		180–267	45–109	57,2–67,3	10,3–16,5		1530–2220	1620–2410		(7)	
B	561	VEG	–	226	83	59,3	13,4	328	1830	2029	245	68	4
		Criewen		193–260	68–99	55,0–68,2	11,8–15,1		1580–2120	1660–2400		(8)	
S	651	Schlobachshof	1	239	78	55,6	13,3	332	1450	1961	235	64	5
				194–293	46–115	51,6–59,3	10,8–16,0		1150–1800	1600–2250		(5)	

Tabelle 9 (Fortsetzung)

Die Leistungen der Prüfungsgruppen 1959/60

HPA	Gr.-Nr.	Züchter	Abgänge	Eizahl	darunter Wintereier	Eigewicht g	Eimasse kg	Futteraufwand je 100 g Eimasse	Körpergewicht bei Prüfungsanfang g	Körpergewicht bei Prüfungsende g	Leistungspunkte	EL Nr.	Rang Nr.
		Rebhuhnfarbige Italiener — Bedingungen für die Eintragung in das EL erfüllt —											
D	592	VdgB	2	194	87	61,2	11,9	330	1588	1819	230	56	6
		Gehlsdorf	1 Unf.	17–244	17–112	51,1–64,5	0,9–15,2		1500–1800	1000–2300		(7)	
B	567	Kunze	–	216	78	55,3	11,9	326	1425	1633	225	72	7
		Gräbendorf		191–242	64–97	52,3–58,2	10,1–13,5		1120–1930	1430–1920		(6)	
S	646	H. Faust	–	223	77	59,0	13,2	343	1535	1915	223	62	8
		Bühlau		176–252	49–96	55,2–60,7	10,6–15,2		1200–2000	1700–2200		(8)	
S	649	Klötzer	–	236	80	56,5	13,4	352	1575	1950	216	63	9
		Stangengrün		199–257	58–104	51,3–62,6	11,0–15,6		1450–2150	1550–2150		(5)	
B	564	VEG	–	214	92	56,3	12,0	344	1709	1972	216	70	10
		Rheinshagen		180–250	73–104	52,3–63,0	10,2–14,1		1460–2060	1530–2640		(4)	
B	569	U. Seibicke	–	216	78	57,0	12,3	348	1716	2087	209	73	11
		Zwuschen		172–244	52–105	51,5–62,2	9,3–13,9		1590–1830	1840–2400		(8)	
B	562	VEG	–	217	97	59,2	12,9	369	1228	1907	205	69	12
		Neuenhagen		194–249	77–116	56,1–63,6	11,6–14,4		1630–2100	1520–2140		(10)	
S	654	LPG	–	208	86	60,3	12,5	362	1715	2105	204	67	13
		Weigmannsdorf		144–252	48–115	55,2–64,4	8,0–15,3		1500–1850	1850–2300		(6)	
S	652	LPG	1	202	81	55,4	11,2	345	1411	2144	202	65	14
		Struppen		65 –242	53–109	49,3–62,0	3,2–15,0		1200–1600	1650–2450		(3)	
S	653	VEG	–	219	73	59,1	12,9	365	1745	2320	197	66	15
		Treuen/Vogtl.		136–264	34–114	55,2–64,1	8,7–15,5		1600–2000	1050–2500		(7)	
M	604	I. f. T.	1	196	68	57,1	11,2	354	1711	1847	187	58	16
		Clausberg		23–260	23–114	48,2–60,6	1,1–15,2		1500–1950	1260–2145		(6)	
M	611	LPG	–	210	64	57,4	12,1	365	2081	2281	183	60	17
		Rieder		178–234	32–79	54,7–63,0	10,4–13,5		1670–2200	1755–2545		(6)	
M	610	LPG	–	199	64	57,3	11,4	373	1690	1847	167	59	18
		Altjeßnitz		134–244	4–100	52,3–60,6	8,1–14,0		1480–1950	1625–1985		(3)	

Rebhuhnfarbige Italiener — Bedingungen für die Eintragung in das EL nicht erfüllt —

B	558	LPG	–	257	109	59,2	15,2	304	1647	2258	300		19
		Borne		190–294	92–128	53,2–63,1	10,1–17,8		1490–1920	1990–2530			
B	568	Geflügelzucht	3	218	82	58,4	12,7	339	1574	1918	225		20
		Falkensee	1 Unf.	174–261	61–105	54,0–63,5	10,3–14,7		1460–1730	1560–2320			
B	563	VEG	1	**189**	91	57,7	10,9	347	1762	2013	203		21
		Neuenhagen		97–224	58–112	55,3–59,2	5,7–13,1		1620–1860	1780–2220			
M	605	LPG	2	196	76	56,2	11,0	354	1573	1801	187		22
		Deersheim		64–240	30–110	49,9–63,3	3,4–13,2		1640–1950	1820–2315			
M	608	VEG	–	227	79	58,7	13,3	**382**	1977	2164	186		23
		Neufrankenroda		178–264	51–113	52,6–63,7	10,9–15,2		1690–1920	1760–2125			
M	607	VEG	1	**179**	74	59,7	10,7	363	1549	1615	177		24
		Derenburg		114–244	10–104	55,5–63,3	6,3–14,7		1335–1720	1240–1905			
B	565	VdgB(BHG)	2	179	68	58,9	10,5	359	1671	1804	176		25
		Pritzwalk		135–232	44–105	54,1–63,4	7,5–14,2		1710–1830	1390–2160			
S	647	G. Gneuß	–	211	86	53,8	11,4	**379**	1655	1895	171		26
		Burkau		98–265	52–113	50,8–58,4	5,6–13,9		1450–1800	1400–2000			
M	609	LPG	–	211	73	58,5	12,4	**387**	1690	1891	169		27
		Rathmannsdorf		169–243	22–105	54,2–64,0	9,6–14,2		1600–1820	1735–2070			
S	648	VdgB(BHG)	1	**180**	54	58,1	10,5	367	1472	1811	159		28
		Großtreben		3–264	3–111	54,5–62,4	0,2–14,8		1350–1650	1250–2200			
D	593	Luise Scharloh	1	202	73	55,9	11,3	**385**	1478	1878	158		29
		Karlshöhe	Unf.	40–264	54–115	52,5–61,4	2,1–14,9		1300–1700	1500–2100			
M	613	VEG	–	204	**59**	59,4	12,1	**407**	1788	2069	145		30
		Seeben		183–245	32–93	55,5–63,3	10,6–15,2		1430–1825	1705–2000			
D	590	LPG	–	**175**	78	57,3	10,0	**412**	1480	1700	142		31
		Diedrichshagen		127–258	56–115	53,1–62,4	7,2–14,7		1300–1700	1500–2000			
S	644	LPG	1	**174**	58	60,5	10,5	**393**	2028	2083	139		32
		Benndorf		1–250	1–101	49,0–65,0	0,1–16,3		1850–2200	1900–2300			
M	606	VG	1	**171**	59	60,5	10,3	**395**	1783	2219	133		33
		Etzdorf		102–222	13–82	54,7–66,7	6,2–13,8		1490–1970	2030–2415			
M	612	LPG	–	179	63	55,2	9,9	**470**	1627	1877	132		34
		Schinne		20–219	12–92	51,3–63,5	1,1–12,2		1350–1835	1475–2390			
D	591	I. f. T.	2	**174**	76	53,5	9,3	**408**	1612	1850	132		35
		Dummerstorf		113–227	33–110	48,1–57,7	5,4–11,6		1300–1800	1400–2100			
M	603	VEB	1	**161**	40	54,8	8,8	**429**	1610	1834	109		36
		Bismark		67–201	16–64	48,2–59,1	3,8–10,8		1265–1890	1550–2185			

Tabelle 9 (Fortsetzung)

Die Leistungen der Prüfungsgruppen 1959/60

HPA	Gr.-Nr.	Züchter	Abgänge	Eizahl	darunter Wintereier	Eigewicht g	Eimasse kg	Futteraufwand je 100 g Eimasse	Körpergewicht bei Prüfungsanfang g	Körpergewicht bei Prüfungsende g	Leistungspunkte	EL Nr.	Rang Nr.
		New Hampshire — Bedingungen für die Eintragung in das EL erfüllt —											
S	657	Friedrich	–	280	115	56,9	16,0	337	2185	2605	307	11	1
		Barthmühle		239–312	69–131	50,2–64,4	13,9–18,0		2050–2500	2450–2800		(6)	
B	573	Institut	–	218	70	62,6	13,7	362	2375	2723	238	12	2
		Blumberg		153–273	24–103	52,9–69,4	10,0–15,7		2260–2490	2490–2990		(5)	
B	574	VEG	1	195	89	65,0	12,7	388	2317	2617	216	13	3
		Blankenfelde		76–259	59–118	61,2–68,9	4,8–17,9		1900–2600	2210–3000		(7)	
B	575	A. Bergmann	–	220	72	56,6	12,5	392	1989	2667	192	14	4
		Wensickendorf		183–268	44–120	53,4–59,6	10,3–14,6		1790–2260	2440–3020		(6)	
		New Hampshire — Bedingungen für die Eintragung in das EL nicht erfüllt —											
B	572	Institut	2	212	89	55,9	11,9	381	2150	2761	206		5
		Blumberg		52–272	52–129	48,8–60,8	2,4–16,4		1910–2360	2370–2980			
S	658	Ch. Henrici	–	222	97	57,0	12,6	**407**	2200	2770	193		6
		Altenbach		144–297	18–132	50,2–63,1	7,8–16,6		2050–2350	2350–3000			
B	571	Institut	2	185	94	58,4	10,8	392	2306	2825	190		7
		Blumberg		53–259	53–117	50,2–61,9	2,7–14,6		2220–2440	2630–3250			
B	576	J. Kaiser	–	222	84	57,7	12,8	**410**	2120	2597	185		8
		Damsdorf		121–282	34–120	53,8–62,0	7,5–15,4		1940–2560	2180–3140			
B	577	J. Kaiser	–	222	85	53,1	11,8	**411**	2225	2788	172		9
		Damsdorf		73–275	44–116	50,6–58,5	4,0–14,2		1950–2570	2540–3410			
		New Hampshire, weiß — Bedingungen für die Eintragung in das EL nicht erfüllt —											
B	578+	Institut	–	**167**	69	59,1	9,9	**448**	1914	2656	138		1
		Blumberg		131–221	55–99	50,7–67,0	8,2–11,8		1750–2410	2030–3190			

		Sussex — Bedingungen für die Eintragung in das EL nicht erfüllt —											
M	615+	LPG Rieder	1	191 7–234	66 7–99	**54,3** 51,5–57,6	10,4 0,4–13,1	**473**	2189 2050–2580	2588 2380–2990	138		1
		Rhodeländer — Bedingungen für die Eintragung in das EL nicht erfüllt											
S	656+	Reinhold Waldkirchen	1	239 160–298	105 35–140	56,7 53,4–63,4	13,6 9,3–16,3	378	2528 2150–2900	2756 2650–3000	237		1
		Plymouth, weiß — Bedingungen für die Eintragung in das EL nicht erfüllt —											
M	616+	Institut Merbitz	1	195 18–243	85 18–114	61,2 52,2–63,3	11,9 0,9–15,4	387	2336 2120–2670	2643 2380–3030	172		1
		Rassegeflügel — Bedingungen für die Eintragung in das EL nicht erfüllt —											
M	624	R. Steinmetz Annaburg	–	188 108–244	85 2–113	63,4 53,5–68,7	11,9 6,3–15,1	**404**	2128 1510–2400	2600 2260–2845	187		1
M	625	O. Such Oelzschau	1	**187** 139–247	70 38–106	57,2 53,1–60,5	10,7 7,9–13,7	371	1593 1290–1780	1653 1430–1890	167		2
M	623+	W. Rackwitz Oelzschau	1 Unf.	197 21–265	76 14–116	56,7 50,3–60,6	11,2 1,1–15,4	**418**	1906 1480–2270	2376 1885–3095	157		3
D	594	Rassezucht Menz-Neuroofen	1	194 66–233	79 63–91	**54,1** 49,7–58,0	10,5 3,5–12,5	**411**	1828 1600–2000	2289 2000–2700	145		4
M	626	A. Zumpe Dresden	–	**170** 127–239	41 7–89	62,9 54,6–66,0	10,7 8,4–15,1	**492**	2165 1930–2410	2563 2000–3100	132		3
M	621	G. Philipp Rittersgrün	1	**168** 48–238	50 15–116	56,2 51,1–63,4	9,5 2,7–13,7	**461**	2062 1715–2460	2402 1880–2715	122		6
M	620	W. Maudrich Lindennaundorf	–	**138** 6–212	57 0–105	56,9 51,6–63,9	7,9 0,4–12,1	**617**	2088 1410–2455	2770 2240–3250	109		7
M	617	W. Böhme Markkleeberg	2	**141** 22–239	58 16–102	52,6 49,3–55,4	7,4 1,1–12,0	**516**	2043 1730–2775	2406 1730–3250	104		8
M	618	K. Dretzke Brieselang	–	**136** 59–181	52 5–83	53,9 51,3–57,9	7,3 3,1–9,9	**521**	1998 1810–2400	2258 2050–2435	100		9
M	622	D. Plähn Ahlbeck	–	**123** 41–190	37 6–88	**52,3** 49,8–58,5	6,4 2,2–9,5	**581**	1908 1640–2225	2113 1815–2375	82		10
M	619	K. Kulle Theissen	2	**100** 26–179	39 16–103	58,2 48,2–66,6	5,8 1,7–10,4	**730**	2455 2060–3090	2625 2030–3380	79		11

Zusammenfassung

Insgesamt 126 Prüfungsgruppen wurden im Prüfungsjahr 1959/60 in den fünf Staatlichen Hühnerprüfungsanstalten (HPA) geprüft. Von den 113 Gruppen, die einen Jahresabschluß erzielten, erfüllten 40 die Mindestforderungen für die Eintragung in das Eliteleistungsbuch. Die höchsten Leistungen erreichte wiederum eine New-Hampshire-Gruppe (657, Friedrich, Barthmühle); sie legte 280,4 Eier mit 56,9 g durchschnittlichem Eigewicht und erreichte damit 16,0 kg Eimasse. In der Zuchtleistungsprüfung, deren Durchführung zunächst nur in zwei Hühnerprüfungsanstalten möglich war, konnten 25 von 37 geprüften Gruppen alle Bedingungen erfüllen; 13 von ihnen scheiterten jedoch an irgendeiner Bedingung in der Legeleistungsprüfung. Über die Ergebnisse von Mastleistungsprüfungen, die im Berichtsjahr erstmalig stattfanden, wird getrennt berichtet.

Резюме

В 1959/60 г. были испытаны всего 126 групи в пяти Государственных испытательных станциях кур. Из числа 113 групп, которые добились годового баланса, 40 групп выполнили минимальные требования по внесению в племенную книгу элиты. Самой высокой продуктивностью снова отличилась группа породы Нью-Гемпшир (657, фридрих, Бартмюле); она снесла 280,4 яиц со средним весом 56,9 г и тем самым добилась 16,0 кг яичной массы. В испытании племенной производительности, проведение которой пока было возможно только в двух испытательных станциях кур, из 37 испытанных групп 25 смогли выполнить все требования; 13 из них однако не выполнило какое-то условие в испытании яйценоскости. О результатах испытаний продуктивности откорма, которые состоялись впервые в хозяйственном году, будет сообщено отдельно.

Summary

Altogether 126 groups were tested in the five state poultry testing stations (HPA) in 1959/60. Of the 113 groups which were tested throughout the year, 40 met the minimum requirements for entry in the high-grade register. The highest performances reached again a New-Hampshire group (657, Friedrich, Barthmühle); it laid 280,4 eggs with an average egg weight of 56,9 g and 16,0 kg of egg mass. As regards the breeding performance test, which for the time being could only be made in two hen testing stations, 25 out of 37 groups tested fulfilled all conditions; 13 of this total failed however in some condition of other of the egg laying trial. The results of fattening tests made for the first time in this period are reported separately.

Verfasser: Dr. A. SCHAAF, Berlin W 8, Krausenstraße 38—39

Titel der im Landwirtschaftlichen Zentralblatt Heft 5/1960 referierten Arbeiten auf dem Gebiet der Kleintierzucht

Aus: Allgemeine Tierzucht

System-Nr.

PAUL LINDENMAIER und MORLEY R. KARE: **Die Geschmacksendorgane der Küken.** (The taste end-organs of the chicken.) (Poultry Sci. **38.** 545—50. Mai 1959. Ithaca, N. Y., Cornell Univ., New York State Veterin. Coll., Dep. of Physiol.) 1175

SILVANO LEGHISSA: (Vgl. LZ. Abt. IV **1959.** 775.) **Entwicklung und Struktur des Tectum opticum beim Hühnchen.** (Sviluppo e struttura del Tetto ottico nel pollo.) (Z. Anatom. Entwicklungsgeschichte **120.** 247—73. 1958. Bologna, Univ., Lab. di Istol. ed Embriol.) 1210

R. MORICARD und C. GIRO: **Der Aufbau des terminalen Nervensystems im weiblichen Genitaltrakt.** (Structure du système nerveux terminal du tractus génital femelle.) (Ann. d'Endocrinol. **19.** 648—97. Juli/Aug. 1958. Paris, Hôpital Broca, Fac. de Med.; Clin. Gynécol., Lab. d'Hormonol. et Cytol. Exp. de l'École Pratique des Hautes Études.) 1210

W. KORNFELD: **Experimentell herbeigeführte Proliferation des rudimentären linken Eierstocks beim Huhn.** (Experimentally induced proliferation of the rudimentary gonad of an intact domestic fowl.) (Nature [London] **185.** 320. 30/1. 1960. Athens, Georgia, Univ. of Georgia, School of Veterin. Med., Dep. of Physiol.) 1400

R. J. SCOTHORNE: **Histochemische Untersuchung der Nasal-(Supraorbital-)Drüse der Ente.** (Histochemical study of the nasal (supra-orbital) gland of the duck.) (Nature [London] **182.** 732. 13/9. 1958. Glasgow, Univ., Dep. of Anatomy.) 1505

JIŘÍ CHURÝ: **Über die vegetative Hybridisation bei Geflügel durch Eiweißinjektionen.** (K otázce vegetativní hybridisace drůbeže výménou vaječného bílku.) (Sborník Vysoké Školy zemědělské lesnické Brně, Řada B **6(27).** 21—32. 1958. Brno, Biol. Ústav Veterin. Fak. VŠZL.) 1660

PIETRO DE FRANCISCIS und WALTER LANDAUER: **Kombinationswirkung von Cortison und Insulin auf die Entwicklung von Hühnerembryonen.** (Combined effects of cortisone and insulin on developing chicken embryos.) (Nature [London] **184.** 101—03. 11/7. 1959. Univ. of Connecticut.) 1840

DELFINA BONETTI: **Induktive Wirkung der Embryonalhaut von Hühnern auf das Chorion-Epithel von Organkulturen in vitro.** (L'action inductrice du derme de l'embryon de poulet sur l'épithélium chorionique en culture d'organe in vitro.) (C. R. hebd. Séances Acad. Sci. **249.** 1940—41. 9/11. 1959.) 1840

F. H. WILCOX: **Der Einfluß von Kohlehydratzusatz nach der Lagerung auf Motilität und Befruchtungsfähigkeit von Hühnersperma.** (Effect ot the addition of carbohydrates after storage on the motility and fertilizing ability of chicken sperm.) (Poultry Sci. **38.** 1162—68. Sept. 1959. College Park, Md., Univ. of Maryland, Dep. of Poultry Husbandry.) 1880

M. L. SUBHANIDHI XUMSAI: **Flüssiges Ei-Eiweiß als wirksamer Verdünner von Geflügelsamen für die künstliche Besamung.** (Liquid egg albumen, an effective diluter of fowl semen for artificial insemination.) (Wld. Poultry Sci. J. **15.** 250—54. Juli/Sept. 1959. Bangkhen, Bangkok, Thailand, Kasetsart Univ.) 1880

F. H. WILCOX: **Der Einfluß verschiedener Wasserstoffionenkonzentrationen während der Lagerung und bei der Insemination und zugesetzten Magnesiums und Kaliums auf die Befruchtungsfähigkeit von Hühnersperma.** (The effect of different hydrogen ion concentrations during storage and at insemination and of added magnesium and potassium on the fertilizing ability of chicken semen.) (Poultry Sci. **38.** 1159—61. Sept. 1959. College Park, Md., Univ. of Maryland, Dep. of Poultry Husbandry.) 1880

HAROLD S. WEISS: **Die Relation zwischen der Fruchtbarkeit und der jahreszeitlichen Akklimatisation auf die Resistenz von Hennen gegenüber letal hohen**

System-Nr.

Temperaturen. (The interrelationship of reproductive state and seasonal acclimatization on the hen's resistance to lethal high temperature.) (Ponultry Sci. **38.** 430—35. März 1959. New Brunswick, N. J., Rutgers, State Univ., Dep. of Pultry Sci.) 2180

JAROSLAV URBAN und EDUARD JIREC: **Bau und Mechanisierung von Objekten für die Intensiv-Geflügelhaltung.** (Výstavba a mechanizace objektů pro intenzívní chov hrabavé drůbeže.) (Za socialist. Zemědělství **8.** 779—86. 1958. Řepy, Výzkumný Ústav Zemědělské Techn. ČSAZV.) 2305

G. MOCQUOT und MARIE BÉJAMBES: **Bakteriologie der Ziegen- und Schafmilch und ihrer Produkte.** (Bacteriology of goats' milk and ewes' milk and their products.) (Dairy Sci. Abstr. **21.** 531—37. Dez. 1959. Jouy-en-Josas, France, Dairying and Microbiol. Res. Stat.) 2510

ECKHARDT H. HESS und HALMUTH H. SCHAEFER: **Angeborene Verhaltensformen als Indikatoren der „sensiblen Periode".** (Innate behavior patterns as indicators of the „Critical period".) (Z. Tierpsychol. **16.** 155—60. Juni 1959. Bethesda, Md., Nat. Inst. of Health, Public Health Serv., Dep. of Health, Education, and Welfare.) 2610

PHILIP GUITON: **Kumpanverhältnis und Prägung bei Braunen Leghorn-Küken.** (Socialisation and imprinting in brown Leghorn chicks.) (Animal Behaviour **7.** 26—34. Jan./Apr. 1959. Edinburgh, Agric. Res. Council Poultry Res. Centre.) 2610

HALMUTH H. SCHAEFER und ECKHARD H. HESS: **Farbvorlieben an Prägungsobjekten.** (Color preferences in imprinting objects.) (Z. Tierpsychol. **16.** 161—72. Juni 1959. Bethesda, Md., Nat. Inst. of Health, Public Health Serv., Dep. of Health, Education and Welfare.) 2610

K. FRITZSCHE: **Die weitere Entwicklung der Wirtschaftsgeflügelzucht und deren Auswirkung auf die Bekämpfung der Viruskrankheiten des Huhnes.** (Berliner Münchener tierärztl. Wschr. **72.** 10—11. 1/1. 1959. Koblenz.) 2670

Aus: Spezielle Kleintierzucht

Geflügel

S. I. SMETNEV: **Die Geflügelzucht in den Ostblockstaaten.** 1. Mitt. Intensive Produktionsarten bei der Gewinnung von Eiern und Hühnerfleisch in der UdSSR. (Dtsch. Wirtschaftsgeflügelzucht **11.** 763—66. 29/8. 1959. Moskau, Timirjasew, Landwirtsch.). 4601

FRITZ PREISS: **Mehr Hühner, aber auch — bessere Ställe.** (Z. Bauen auf d. Lande **9.** 34—36. Febr. 1958. Bonn.) 4601

A. SCHAAF und H. WENDT: **Die Winterlegeleistung als Maßstab für die zu erwartende Jahresleistung von Legehennen im ersten Legejahr und als Basis für züchterische Maßnahmen.** (Arch. Tierzucht **2.** 245—66. 1959. Dummerstorf, Inst. für Tierzuchtforsch. der Dtsch. Akad. der Landwirtschaftswiss. zu Berlin; Berlin, Abt. Eliteleistungsbuch.) 4656

S. SCHOLTYSSEK und N. KUNBERGE: **Hühnerleistungsprüfung Stuttgart-Hohenheim 1958/59.** (Dtsch. Wirtschaftsgeflügelzucht **11.** 1126—27. 19/12. 1959. Hohenheim, Landwirtsch. Hochschule, Inst. für Tierzuchtlehre.) 4656

P. STEINEGGER: **Von der holländischen Leistungsprüfungsstation in Putten.** (Geflügelhof [Zollikofen-Bern] **22.** 533—35. 31/7. 1959. Zollikofen.) 4656

J. TROSSEN: **Ergebnisse aus der holländischen Leistungsprüfung in Putten.** (Geflügelhof [Zollikofen-Bern] **22.** 866. 870. 11/12. 1959.) 4656

R. COLES: **Nachzuchtprüfungen bei Hühnern in England.** (Dtsch. Wirtschaftsgeflügelzucht **10.** 615—17. 16/8. 1958.) 4656

HS. KÜDERLI: **Nationale englische Leistungsprüfung 1917—1959.** (Geflügelhof [Zollikofen-Bern] **23.** 32—33. 8/1. 1960.) 4656

J. TROSSEN: **Von der 61. Nationalen Leistungsprüfung 1958—1959 Milford-England.** (Geflügelhof [Zollikofen-Bern] **23.** 183—84. 4/3. 1960.) 4656

TOM E. KNOWLES: **Zunkunft der Legeleistungsprüfungen.** (Future of the laying trials.) (Poultry Ind. **24.** 303. 11/6. 1959. Lancashire.) 4656

System-Nr.

A. J. G. MAW, E. G. BUSS und R. V. BOUCHER: **Schlechte Schlupfergebnisse durch ein rezessives Gen bei Legehennen.** (Recessive gene in layers results in unhatchable eggs.) (Sci. for Farmer **7.** Nr. 2. 7. 1959.) 4660

J. P. H. WESSELS: **Beziehung zwischen Silberfarbe und langsamer Befiederung bei Hühnern.** (Koppeling tussen silwer kleur en laat veergroei by hoenders.) (South African J. agric. Sci. **2.** 357—61. 1959. Pietermaritzburg, Univ. van Natal, Fak. van Landbou.) 4660

MARTIN MENZI: **Ein Beitrag zur Frage der Verwendung ein- bzw. mehrjähriger Zuchttiere.** (Geflügelhof [Zollikofen-Bern] **22.** 259—62. 10/4. 1959. Zürich, Eidg. TH., Inst. für Tierzucht.) 4665

KUPSCH: **Eine Modell-Geflügelzucht in Brasilien.** (Dtsch. Wirtschaftsgeflügelzucht **11.** 801—02. 12/9. 1959.) 4668

REECE L. BRYANT und W. C. LOCKHART: **Entwicklung von Inzuchtlinien bei Hühnern.** (Developing inbred lines of poultry.) (North Dakota Farm Res., bimonthly Bull. **20.** Nr. 5. 11—12. Mai/Juni 1958.) 4669

E. E. PENIONSHKEWITSCH, I. K. SSAWELJEW und A. P. TSCHMUTOWA: **Die neue Sagorsker Hühnerrasse.** ((Э. Э. Пенионжкевич, И. К. Савельев и А. П. Чмутова.) (Новая загорская породная группа кур.) (Труты Всесоюзного Научно-Исследовательского Инзтитута Птицеводства [Arb. Unions-Forsch.-Inst. Geflügelzucht] **25.** 49—100. 1958. Sagorsk, Gebiet Moskau, Unions-Forschungsinst. für Geflügelzucht.) 4669

L. SCHUBERTH: **Die Ursachen unterschiedlicher Schlupfergebnisse bei der Brut von Hühnereiern.** (Dtsch. Geflügelztg. **9.** 19. 2. Jan.-H. 1960. Merbitz.) 4674

ANONYM: **Achtung! Keine chemischen Kapaune mehr!** (Geflügelhof [Zollikofen-Bern] **22.** 473. 476. 3/7. 1959.) 4679

H. R. HUNTER: **Wie lange können Küken ungefüttert am Leben bleiben?** (How long can chicks survive unfed?) (Poultry Ind. **24.** 313. 11/6. 1959.) 4682

HEINRICH MACKROTT: **Zur Fütterung der Legehennen mit Alleinfutter.** (Dtsch. Wirtschaftsgeflügelzucht **11.** 572—75. 577. 20/6. 1959. Uetersen.) 4688

H. SPLITTGERBER, H. WIESENDAHL und B. MÖBIUS: **Hähnchenmastversuch mit verschiedenen Rassen und Rassenkreuzungen.** (Arch. Geflügelkunde **23.** 332—37. Nov. 1959. Unna-Königsborn, Lehr- und Versuchsanst. für Kleintierzucht.) 4690

H. W. HOHLS: **Mastfähigkeitsvergleich zwischen Leghorn und Cornish x White-Rocks-Kreuzung bei drei verschiedenen Futtermischungen.** (Dtsch. Wirtschaftsgeflügelzucht **11.** 724. 15/8. 1959. Arch. Geflügelkunde **23.** 338—48. Nov. 1959. Celle, Bundesforschungsanst. für Kleintierzucht.) 4690

A. A. KRAFT, L. E. ELLIOTT und A. W. BRANT: **Die Eihaut als Infektionsschranke.** (The shell membrane as a barrier to bacterial penetration of eggs.) (Poultry Sci. **37.** 238—40. Jan. 1958. Beltsville, Md., U.S. Dep. of Agric., A. R. S., Animal Husbandry Res. Div.) 4700

W. A. MILLER: **Die trockne Säuberung schwach verschmutzter Eier gegenüber dem Waschen als Mittel, um das Eindringen von Fäulnisbakterien zu verhindern.** (Dry cleaning slightly soiled eggs versus washing to prevent penetration of spiolage bacteria.) (Poultry Sci. **38.** 906—10. Juli 1959. Manhattan, Kansas, Kansas Agric. Exp. Stat., Dep. of Bacteriol.) 4700

MILO H. SWANSON: **Das Ölsprühverfahren bei Konsumeiern zur Erhaltung der Qualität.** (Spray-oiling shell eggs to preserve quality.) (Wld. Poultry Sci. J. **14.** 287 bis 93. Okt./Dez. 1958. St. Paul, Minn., Univ. of Minnesota.) 4700

H.-J. RUHDEL: **Was tun bei Federfressen?** (Dtsch. Wirtschaftsgeflügelzucht **12.** 25—26. 16/1. 1960. Ulm.) 4706

M. MILLER und J. H. QUISENBERRY: **Faktoren, die den Futteraufwand für die Eiproduktion bei selektierten Linien von Legehennen in Legebatterien beeinflussen.** (Factors affecting feed efficiency for egg production in selected strains of caged layers.)

System-Nr.

(Poultry Sci. 38. 757—66. Juli 1959. College Station, Texas, Texas A. and M. Coll., Dep. of Poultry Sci.) 4707

H. S. SIEGEL: **Merkmale der Eiproduktion und der Funktion der Nebenniere bei Weißen Leghorn, die auf unterschiedlich großen Fußbodenflächen gehalten wurden.** (Egg production characteristics and adrenal function in white leghorns confined at different floor space levels.) (Poultry Sci. 38. 893—98. Juli 1959. Blacksburg, Virginia Polytechn. Inst.) 4707

H. WIRTH: **Bemerkungen zum Thema Intensivaufzucht für Junghennen.** (Dtsch. Wirtschaftsgeflügelzucht 12. 24—25. 16/1. 1960. Kiel-Steenbek.) 4707

F. W. KLEIN: **Ist die Intensivhaltung in der bäuerlichen Hühnerhaltung angebracht?** (Mitt. dtsch. Landwirtsch.-Ges. 73. Nr. 26. Reich der Landfrau 211—12. 26/6. 1958. Celle.) 4707

H. HATTENHAUER: **Junghennenaufzucht unter intensiven Haltungsbedingungen und ihr Einfluß auf die Nutzleistungen von Hühnern in der nachfolgenden Legeperiode.** (Tierzucht 14. 74—78. Febr. 1960. Merbitz, Inst. für Kleintierzucht.) 4707

G. O. BRESSLER: **Niedrigere Eierzeugungskosten im Sonnen-Legehaus als in der konventionellen Legehalle.** (Cost of producing eggs less in solar laying house than in conventional house.) (Sci. for Farmer 7. Nr. 2. 14. 1959.) 4707

ANONYM: **Ein neuer Versuch bei der Dosierung von Licht für Küken.** (A new experiment in use of light for chickens.) (Wld. Poultry Sci. J. 14. 297. Okt./Dez. 1958.) 4707

P. S. WATTS und R. RAC: **Todesursachen bei Küken innerhalb der ersten zehn Lebenstage.** (Causes of mortality in chickens up to ten days old.) (Brit. veterin. J. 114. 396—407. Okt. 1958. Adelaide, Inst. of Med. and Veterin. Sci.) 4710

L. MITTELHOLZER: **Neue Behandlung der Geflügelcoccidiose.** (Schweiz. Arch. Tierheilkunde 101. 32—36. Jan. 1959. Appenzell.) 4710

H. HUITEMA und J. VAN VLOTEN: **Geflügeltuberkulose.** (Aviaire tuberculose.) (Tijdschr. Diergeneeskunde 84. 6—30. 1/1. 1959. Lab. der Rijksseruminrichting.) 4710

FR. KNORR: **Über die Verwertungsmöglichkeit krank geschlachteten Geflügels.** (Dtsch. Geflügelztg. 8. 153—54. 1. Apr.-H. 1959. Berlin.) 4710

R. SCHMIDT: **Rechtsfragen um das Brütereiwesen.** (Österr. Kleintierzüchter 14. 114—15. Aug. 1959.) 4715

L. SIEGFRIED WASMUND: **Die Arbeitswirtschaft eines Ablegebetriebes.** (Dtsch. Wirtschaftsgeflügelzucht 12. 13—14. 9/1. 1960. Bad Kreuznach, Max-Planck-Inst. für Landarbeit und Landtechn.) 4715

EDMUND ZURTH: **Die Tauben in der Gegenwart.** (Dtsch. Kleintier-Züchter, gemischte Ausg. 68. Nr. 20. 11—13. 15/7. 1959.) 5162

E.-M. REINKE: **Bericht über einen Betäubungsversuch mit Alpha-Chloralose an verwilderten Haustauben in Hamburg.** (Anz. Schädlingskunde verein. Schädlingsbekämpf. 32. 76—77. Mai 1959. Hamburg, Staatl. Vogelschutzwarte, Inst. für Angew. Vogelkunde.) 5162

E. DRESSLER: **Pflege und Zucht von Wildtauben.** (Dtsch. Geflügelztg. 8. 169. 2. Apr.-H. 1959. Neudietendorf.) 5170

H. VOGEL: **Die Arten des Taubenschlages und seine Einrichtung.** (Dtsch. Geflügelztg. 8. 264—68. 2. Juni-H. 1959. Sonneberg.) 5184

Kaninchen

H. BRANDSCH: **Zur Einrichtung einer Rammler-Nachzuchtprüfung.** (Thüringer Kleintierzüchter 13. 383—84. 20/10; 396. 30/10. 1959.) 5260

HEINRICH NIEHAUS. **Ist eine Ausmerzung des Langhaarfaktors bei den Normalhaarrassen möglich?** (Dtsch. Kleintier-Züchter, Ausg. Kaninchen 68. Nr. 31. 4. 5/11. 1959. BFAK.) 5260

HEINRICH FILTHAUS: **Besuch bei der Angorafarm in Dingelsdorf.** (Dtsch. Kleintier-Züchter, Ausg. Kaninchen 68. Nr. 30. 5. 25/10. 1959.) 5262

System-Nr.

B. SCHAEFER: **Die Bedeutung der Angorakaninchenleistungsprüfung (ALP) für die Verbesserung der Leistungszucht.** (Thüringer Kleintierzüchter **13.** 328—29. 10/9.; 344—45. 20/9.; 355. 30/9. 1959. Halle/S., Inst. für Kleintierzucht.) 5270

B. SCHAEFER: **Abschlußbericht der XXXVI. Angorakaninchenleistungsprüfung (1959) am Institut für Kleintierzucht der Martin-Luther-Universität Halle/S.** (Kleintierzüchter **1.** Nr. 3. 4—6. 1. Febr.-H. 1960.) 5270

MARTIN MEISSNER: **Biochemische Mittel in der Kaninchenzucht.** (Dtsch. Kleintier-Züchter, Ausg. Kaninchen **68.** Nr. 30. 3. 25/10. 1959. Stuttgart-Büsnau.) 5275

Pelztiere

ANONYM: **Die moderne Nerzfarm.** (The modern mink ranch.) (Amer. Fur Breeder **32.** Nr. 13. 44—69. Nov. 1959.) 5302

ANONYM: **Pelztierfarm (Nerz): Betriebsweisen und praktische Durchführung.** (Fur farm management and practices.) (Amer. Fur Breeder **32.** Nr. 13. 108—35. Nov. 1959.) 5302

ANONYM: **Ein neues Leistungsregister für die Nerzzucht.** (New, easier mink record keeping system.) (Amer. Fur Breeder **33.** Nr. 1. 10—12; 26. Jan. 1960.) 5302

ANONYM: **Genetik in der Nerzzucht.** (Genetics of the mink.) (Amer. Fur Breeder **32.** Nr. 13. 88—103. Nov. 1959.) 5302

M. LECHT und J. RECK: **Über Verpaarungsmethoden bei Nerzen.** (Arch. Geflügelzucht Kleintierkunde **6.** 156—60. 1957. Appelsburg, Versuchsstat. für Pelztierforsch. des Inst. für Tierzuchtforsch. Dummerstorf.) 5302

J. RECK: **Verpaarungsmethoden bei Nerzen.** (Kleintierzüchter **1.** Nr. 4. 10—11. 2. Febr.-H. 1960. Plau/Mecklenburg.) 5302

JOHN A. MILLER: **Ernährung und Vermehrung.** (Nutrition and reproduction.) (Amer. Fur Breeder **32.** Nr. 7. 26. 38. 40. 42. 50. Juli 1959. Ohio State Univ.) 5302

ANONYM: **Fütterung und Nährstoffversorgung beim Nerz.** (Feeding and nutrition.) (Amer. Fur Breeder **32.** Nr. 13. 70—87. Nov. 1959.) 5302

ANONYM: **Vorbeugungs- und Behandlungsmaßnahmen bei Pelztierkrankheiten.** (Prevention and treatment of diseases.) (Amer. Fur Breeder **32.** Nr. 13. 136—60. Nov. 1959.) 5302

H. ZIMMERMANN: **Zur Infektion mit S. cholerae suis (var. Kunzendorf) bei Farmnerzen.** (Mh. Veterinärmed. **14.** 564—66. 15/9. 1959. Greifswald, Veterinäruntersuchungs- und Tiergesundheitsamt.) 5302

M. K. PAWLOW und W. I. KIRJUCHINA: **Ausmerzung von Silberfüchsen nach der Fellbeschaffenheit.** ((М. К. Павлов и В. И. Кирюхина.) (Выбраковка серебристо-черных лисиц по дефектам опушения.) (Кролиководство и Звероводство [Kaninchen- u. Pelztierzucht] **2.** Nr. 3. 25—27. Mai/Juni 1959.) 5315

Bienen

N. M. GLUSHKOV: **Tatsachen über die Bienenhaltung in der UdSSR.** (Facts about beekeeping in the U.S.S.R.) (Bee Wld. **40.** 169—72. Juli; 201—04. Aug. 1959. Rybnoe, Ryazan Province, U.S.S.R., Beekeeping Res. Ihst.) 5402

J. NITSCHMANN: **Nachrichtensystem im Bienenstaat.** (Wiss. u. Fortschr. **9.** 309—13. 1959.) 5435

J. B. FREE und IVETTE SPENCER-BOOTH: **Temperaturregelung bei Honigbienen.** (Temperature regulation by honeybees.) (Bee Wld. **40.** 173—77. Juli 1959. Harpenden, England, Rothamsted Exp. Stat., Bee Dep.) 5435

G. PRITSCH: **Zur Duftlenkung der Bienen auf Rotklee.** (Leipziger Bienenztg. **72.** 205—06. Juli 1958; Arch. Geflügelzucht Kleintierkunde **8.** 214—39. 1959. Berlin, Humboldt-Univ., Inst. für Kleintierzucht, Abt. Bienenkunde und Seidenbau.) 5435

F. RUTTNER: **Wetter und Paarung.** (Leipziger Bienenztg. **73.** 117—19. Apr. 1959. Lunz am See, Österreich, Bundeslehr- und Versuchsanst. für Bienenkunde.) 5480

System-Nr.

W. I. LUKIN: **Überwinterung der Bienen mit Elektroheizung.** (В. И. Лукин.) (Зимовка пчел с электрообогревом.) (Пчеловодство [Bienenzucht] **36.** Nr. 8. 31 31—33. Aug. 1959. Lwow, Polytechn. Inst.) 5485

G. F. TARANOV: **Die Wachserzeugung im Bienenvolk.** (The production of wax in the honeybee colony.) (Bee Wld. **40.** 113—21. Mai 1959. Rybnoe, Ryazan Province, U.S.S.R., Beekeeping Res. Inst.) 5496

LUDWIG ARMBRUSTER: **Gelee Royale.** (Arch. Bienenkunde **37.** 1—39. 1. Halbjahr-H. 1960.) 5496

ELVIN W. TILTON und RALPH L. PARKER: **Die Einstufung geschleuderter Honige von Kansas und anderen Unions-Staaten.** (Grading Kansas and other United States extracted honeys.) (Agric. Exp. Stat., Kansas State Coll. Agric. appl. Sci., Manhattan, Rep. Progr. **25.** Nr. 710. 1—24. Juli 1958. Manhattan, Kansas Agric. Exp. Stat., Dep. of Entomol.) 5496

D. ROBERTS: **Ein kombinierter Deckelwachs-, Waben- und Honigschmelzer.** (Combined cappings, comb, and honey melter.) (New Zealand J. Agric. **98.** 187. 189—90. 16/2. 1959. Auckland, Dep. of Agric.) 5520

H. OSCHMANN: **Bemühungen zur Verbesserung der Bienenweide.** (Leipziger Bienenztg. **73.** 114—16. Apr. 1959. Tälermühle, Kr. Stadtroda.) 5530

G. PRITSCH: **Der Bokharaklee (Melilotus albus) als Futterpflanze und Verbesserer der Bienenweide.** (Dtsch. Landwirtsch. **9.** 282—85. Juni 1958. Berlin, Humboldt-Univ., Inst. für Kleintierzucht.) 5530

G. A. KÜPPERS-SONNENBERG: **Dauersonnenblumen und Topinambur zur Bienenweide.** (Westfl. Bienenztg. **72.** 297—300. Okt. 1959. Müden/Oertze.) 5530

ANDRÉ JAIVENOIS: Landwirtschaft und Bienenzucht. Probleme bei der Anwendung von Pflanzenschutzmitteln. (L'agriculture et l'apiculture. Le problème des traitements antiparasitaires.) (Rev. Agric. [Bruxelles] **11.** 249—55. Febr. 1958.) 5555

W. L. MAKAROW: **Prüfung verschiedener Heilmittelpräparate bei der Therapie der gutartigen Faulbrut.** (В. Л. Макаров.) (Испытание различных лекарственных препаратов при лечении европейского гнильца.) (Пчеловодство [Bienenzucht] **36.** Nr. 8. 42—44. Aug. 1959. Ukrain. Versuchsstat. für Bienenzucht.) 5560

Seidenraupen

TAKURO HAYAKAWA: **Die Größe der Seidenraupenzuchten und die Kostenelemente der Kokonproduktion in Japan.** (Size of sericultural management and elements of cocoon production costs in Japan.) (Rev. Ver à Soie **10.** 39—42. Jan./März 1958. 1958. Japan.) 5652

Ch. JEUNIAUX und M. FLORKIN: **Beiträge zur Biochemie der Seidenraupe. 1. Mitt. Der Einfluß verschiedener Versuchsbedingungen auf die Ausbildung der Seide und auf das Wachstum.** (Contributions à la biochimie du ver à soie. I. Influence de diverses conditions expérimentales sur l'élaboration de la soie et sur la croissance.) (Arch. int. Physiol. Biochim. **66.** 552—63. Nov. 1958. Liège, Univ., Inst. Léon Fredericq [Biochim.]) 5656

T. U. ZIA, N. T. LIU und Z. Y. GAW: **Die Züchtung von Seidenraupengeweben in einer einschichtigen Gewebskultur.** (The cultivation of silkworm tissues by Monolayer tissue culture.) Orig.: chin. (Scientia [Peking] **1958.** 219—20.) 5656

KAZIMIERZ GOLANSKI: **Der seidenbauliche Wert der Spätsommeraufzucht von Seidenraupen (Bombyx mori L.) in Polen.** (Valeur séricicole de l'éducation de fin d'été des vers à soie [Bombyx mori L.] en Pologne.) (Rev. Ver à Soie **11.** 63—66. Jan./März 1959. Cracovie, Pologne, Inst. Zootechn.) 5665

KAZIMIERZ GOLANSKI: **Die Ernährung der Seidenraupen, Bombyx mori L. mit Surrogaten der Maulbeere.** (Alimentation des vers à soie, Bombyx mori L. avec des succédanés du mûrier.) (Rev. Ver à Soie **11.** 67—69. Jan./März 1959. Cracovie, Pologne Inst. Zootechn.) 5670

System-Nr.

KAZIMIERZ GOLANSKI: **Beobachtungen und Ergebnisse der Aufzucht von Seidenraupen (Bombyx mori L.) im Freien auf den Sträuchern in Polen.** (Observations et resultats de l'éducation du ver à soie [Bombyx mori L.] faits en Pologne à l'air libre sur les buissons.) (Rev. Ver à Soie **11.** 59—62. Jan./März 1959. Cracovie, Pologne, Inst. Zootechn.) 5675

Aus: Tierernährung

A. BOLLIGER und R. GROSS: **Ätherlösliche Verbindungen aus dem Vogelgefieder: Ein Steroid.** (Ether soluble compounds associated with the plumage of birds: A steroid constituent.) (Austral. J. exp. Biol. med. Sci. **36.** 333—38. Aug. 1958. Sydney, Univ., Dep. of Surgery, Gordon Graig Res. Lab.) 7200

POTITO DE PAOLIS: **Chromatographische Untersuchungen über die freien Aminosäuren im Fleisch von mit Orotsäure bei verschiedenem Grundfutter behandelten Hühnern.** (Richerche cromatografiche sugli aminoacidi liberi presenti nella carne di polli trattati con acido orotico ed alimentati con miscele diverse.) (Zootecn. e Veterin. **14.** 142—43. Apr. 1959. Napoli, Univ., Fac. di Med. Veterin., Ist. di Zootecn. Generale. 7230

H. F. MACRAE, W. ZAHARIA und R. H. COMMON: **Die Isolierung kristallinen Oestradiols-17 β aus dem Kot von Legehennen.** (Isolation of crystalline estradiol-17 ß from droppings of laying hens.) (Poultry Sci. **38.** 318—21. März 1959. Quebec, Canada, McGill Univ., Macdonald Coll., Dep. of Biochem., Dep. of Agric. Chem.) 7290

N. F. CUNNINGHAM und R. A. MORTON: **Unverseifbare Bestandteile der Leber; Ubichinon und Substanz SC bei verschiedenen Tierarten.** (Unsaponifiable constituents of liver; ubiquinone and substance SC in various species.) (Biochem. J. **72.** 92—99. Mai 1959. Liverpool, Univ. of Liverpool, Dep. of Biochem.) 7572

MICHELINE BETTEX-GALLAND: **Fixierung von CO_2 in Asparaginsäure und Einfluß von Biotin auf diese Fixierung.** (Fixation du CO_2 dans l'acide aspartique et influence de la biotine sur cette fixation.) (Helv. physiol. pharmacol. Acta **17.** 175—88. 1959. Zürich, Univ., Inst. de Chim. Physiol.) 7930

G. J. KLAIN, H. M. SCOTT und B. CONNOR JOHNSON: **Argininbedarf der Küken bei Verfütterung einer Mischung kristalliner Aminosäuren in der Zusammensetzung des Casein.** (Arginine requirement of chicks fed a crystalline amino acid diet simulating the composition of casein.) (Poultry Sci. **38.** 488—89. März 1959. Urbana, Ill., Univ. of Illinois, Dep. of Animal Sci.) 8042

G. J. KLAIN, H. M. SCOTT und B. CONNOR JOHNSON: **Die Futterverwertung einer Mischung kristalliner Aminosäuren sowie die Beeinflussung durch eindeutig nicht essentielle Aminosäuren.** (Utilization of nutrients in a crystalline amino acid diet as influenced by certain non-essential amino acids.) (Poultry Sci. **38.** 489—91. März 1959. Urbana, Ill., Univ. of Illinois, Dep. of Animal Sci.) 8042

PRAN VOHRA und F. H. KRATZER: **Der Einfluß von Lysin-, Biotin- und Pantothensäuremangel auf die Gefiederausfärbung bei Putenküken.** (The effects of lysine, biotin, and pantothenic acid deficiencies on the pigmentation of turkey poults.) (Poultry Sci. **37.** 1047—50. Sept. 1958. Davis, Calif., Univ. of California, Dep. of Poultry Husbandry.) 8042

ISAMU YANAGISAWA: **Über den Einfluß von Gallensäure auf den Kohlenhydratstoffwechsel. 1. Mitt. Hyperglykämische Wirkung von Natriumcholat und -desoxycholat.** (On the effect of bile acids on carbohydrate metabolism. I. Hyperglycemic action of sodium cholate and desoxycholate.) (J. Biochemistry [Tokyo] **45.** 951—57. Tokyo, Univ. of Tokyo, Fac. of Med., Dep. of Physiol. Chem. and Nutrit.) 8062

M. SAITO, I. TASAKI, K. KIBE, H. YAMADA und T. IGARASHI: **Die Beeinflussung des Kükenwachstums durch den Cellulosegehalt der Nahrung.** (Effect of various cellulose levels in the diet on the chick growth.) (Poultry Sci. **38.** 373—76. März 1959. Nagoya, Japan, Nagoya Univ., Lab. of Animal Nutri.) 8062

System-Nr.

W. Ss. OTSCHAKOWSKI: **Anwendung von Phosphatiden in der Geflügelmast.** (В. С. Очаковский.) (Применение фосфатиддов при откорме кур.) (Птицеводство [Geflügelzucht] **9.** Nr. 8. 15—16. Aug. 1959. Krasnodar, Forschungsinst. für Nahrungsmittel-Ind.) 8066

W. C. SUPPLEE und G. F. COMBS: **Untersuchungen über den Kaliumbedarf von Putenküken mit synthetischen Diäten.** (Studies of the potassium requirement of turkey poults fed purified diets.) (Poultry Sci. **38.** 833—35. Juli 1959. College Park, Md., Univ. of Maryland, Dep. of Poultry Husbandry.) 8122

MARSHALL R. URIST: **Der Einfluß des Calciumentzuges auf das Blut, die Nebennierenrinde, das Ovar und das Skelett beim Haushuhn.** (The effects of calcium deprivation upon the blood, adrenal cortex, ovary, and skeleton in domestic fowl.) (Recent. Progr. Hormone Res. **15.** 455—81. 1959. Los Angeles, Calif., Univ., Dep. of Surgery, Div. of Orthopedics.) 8123

ANONYM: **Calcium und Strontium bei der Lactation.** (Calcium and strontium in lactation.) (Nutrit, Rev. **16.** 315—17. Okt. 1958.) 8123

J. D. SUMMERS, S. J. SLINGER, W. F. PEPPER, I. MOTZOK und G. C. ASHTON: **Die Verwertung des Phosphors aus weichen Phosphaten und der Phosphorsäure sowie die Wirkung der Ansäuerung auf weiche Phosphate.** (Availability of phosphorus in soft phosphate and phosphoric acid and the effect of acidulation of soft phosphate.) (Poultry Sci. **38.** 1168—79. Sept. 1959. Guelph, Ontario, Canada, Ontario Agric. Coll., Dep. of Poultry Husbandry, Nutrit. and Statistics.) 8124

H. M. EDWARDS, jun. und M. B. GILLIS: **Eine Chromoxyd-Bilanzmethode zur Bestimmung der Phosphoraufnahme.** (A chromic oixde balance method for determining phosphate availabilty.) (Poultry Sci. **38.** 569—74. Mai 1959. Skokie, Ill., Int. Minerals and Chem. Corp., General Res. Lab.) 8124

V. L. MILLER, G. E. BEARSE und K. E. HAMMERMEISTER: **Quecksilberspeicherung, eine Besonderheit des Huhns.** (Mercury retention, a trait of chickens.) (Poultry Sci. **38.** 1037—39. Sept. 1959. Puyallup, Washington State Univ., Western Washington Exp. Stat., Dep. of Agric. Chem. and Poultry Sci.) 8127

ROGER A. TEEKELL und A. B. WATTS: **Tungstenzusatz bei Zuchthennen.** (Tungsten supplementation of breeder hens.) (Poultry Sci. **38.** 791—94. Juli 1959. Baton Rouge, La., Louisiana State Univ.) 8127

ROGER A. TEEKELL und A. B. WATTS: **Ergänzung des Kükenfutters mit Molybdän.** (Molybdenum supplementation of chick diets.) (Poultry Sci. **38.** 1127—32. Sept. 1959. Baton Rouge, La., Louisiana State Univ.) 8127

P. STEINEGGER und G. ZANETTI: **Versuche zur Ermittlung der Einflüsse verschiedener Carotinoidzusätze zum Leghennenfutter auf die Dotterfarbe.** (Arch. Geflügelkunde **23.** 166—73. Juni 1959. Zollikofen-Bern, Lehr- und Versuchsanst. für Geflügelzucht.) 8152

W. H. HASTINGS, PAUL E. SANFORD und C. R. CREGER: **Ununterbrochene Fütterung mit Vitamin A bei Küken.** (Intermittent feeding of vitamin A to chickens.) (Poultry Sci. **38.** 385—89. März 1959. Manhattan, Kans., Kansas State Coll.) 8152

TH. J. DE MAN, E. J. TEN HAM, J. R. ROBORGH und N. ZWIEP: **Ausnutzung von Vitamin A aus einem stabilisierten Trockenpräparat. Vergleichende Untersuchungen mit Küken.** (Utilization of vitamin A from a stabilized dry preparation. Comparative epxeriments with chickens.) (Netherl. J. agric. Sci. **6.** 237—44. Nov. 1958. Weesp, Holland, N. V. Philips-Roxane.) 8152

T. W. GRIFFITHS: **Die relative Ablagerungsmenge von reinem α, β, γ und δ-Tocopherol in der Leber heranwachsender Küken.** (Relative rates of liver storage of pure α, β, γ und δ-tocopherols in the growing chick.) (Nature [London] **183.** 1061—62. 11/4. 1959. Oxford, Animal Nutrit. Res. Lab., Spillers Ltd.) 8156

System-Nr.

HENRY L. FULLER und PAUL E. KIFER: **Der Vitamin-B_6-Bedarf von Hühnern.** (The vitamin B_6 requirement of chicks.) (Poultry Sci. **38.** 255—60. März 1959. Athens, Ga., Univ. of Georgia, Div. of Poultry Husbandry.) 8158

HENRY L. FULLER und W. SIMPSON DUNAHOO: **Der Einfluß verschiedener Zusätze von Pharmazeutika auf den Vitamin-B_6-Bedarf von Hühnern.** (The effects of various drug additives on the vatimin B_6 requirement of chicks.) (Poultry Sci. **38.** 1150—54. Sept. 1959. Athens, Ga., Univ. of Georgia, Div. of Poultry Husbandry.) 8158

S. SATHYNARAYANA RAO, C. A. SASTRY, H. N. BHAGAVA und B. R. BALIGA: **Vitamin B_{12} im Abwasserschlamm.** (Vitamin B_{12} in sewage sludges.) (Science [Washington] **129.** 276. 30/1. 1959. Bangalore, Indian Inst. of Sci., Dep. of Biochem.) 8158

C. H. HILL und H. W. GARREN: **Die Blutascorbinsäurewerte bei Kükenruhr.** (Plasma ascorbic acid levels of chicks with fowl typhoid.) (Poultry Sci. **37.** 236—37. Jan. 1958. Raleigh, North Carolina State Coll., Dep. of Poultry Sci.) 8160

I. KIŢULESCU und M. FURNICĂ: **Proteasen und Sauerstoffverbrauch im Vitellus des Hühnereies vor und während der Bebrütung.** (Proteazele şi consumul de oxigen în vitelusul oului de găină înaintea şi în timpul incubării.) (Comun. Acad. Republ. Populare romîne **8.** 627—34. Juni 1959.) 8175

J. J. MINER, S. J. MARSDEN und C. A. DENTON: **Der Einfluß von Diaethylstilboestrol-Methimazol und Dinoestroldiacetat auf junge Mastputen.** (The effect of diethylstilbestrol-methimazole and dienestrol diacetate on turkey broilers.) (Poultry Sci. **38.** 750—57. Juli 1959. Beltsville, Md., U.S. Dep. of Agric., Animal Husbandry Res. Div. Agric. Res. Serv.) 8175

B. N. PREMACHANDRA, G. W. PIPES und C. W. TURNER: **Untersuchungen über das Wachstum von New-Hampshire-Küken mit verschiedener Schilddrüsenaktivität.** (Study of growth in New Hampshire chickens with varying thyroid status.) (Poultry Sci. **38.** 795—98. Juli 1959. Columbia, Univ. of Missouri, Dep. of Dairy Husbandry.) 8175

JACK L. FRY und W. J. STADELMAN: **Der Einfluß vom Geschlecht, Alter und Hormonisierung auf den Aschegehalt der Knochen beim Geflügel.** (The effect of sex, age, and hormonization on the ash content of chicken bones.) (Poultry Sci. **37.** 67—69. Jan. 1958. Lafayette, Ind., Purdue Univ.) 8175

W. C. SHERMAN, G. A. DONOVAN, W. M. REYNOLDS und H. G. LUTHER: **Untersuchungen über ernährungsmäßig vertretbare Oleandomycinmengen in Mastfuttermischungen.** (Studies of nutritional levels of oleandomycin in broiler rations.) (Poultry Sci. **38.** 869—73. Juli 1959. Terre Haute, Ind., Agric. Res. Center, Chas. Pfizer & Co., Inc.) 8185

K. E. PRICE und Z. ZOLLI, jun.: **Der Einfluß von Oleandomycin und Penicillin auf die Mikroflora des Verdauungskanals bei Küken.** (Influence of oleandomycin and penicillin on intestinal tract microflora of chickens.) (Poultry Sci. **38.** 873—77. Juli 1959. Terre Haute, Ind., Chas. Pfizer & Co.) 8185

N. W. KURILOW, N. A. LIPATOWA und M. I. MASCHURKO: **Der Einfluß der Antibiotica auf das Wachstum junger Kaninchen und auf ihre Widerstandsfähigkeit gegen Krankheiten.** (Н. В. Курилов, Н. А. Липатова и М. И. Машурко.) (Влияние антибиотиков на рост молодняка кроливок и на их устойчивость к заболеваниям.) (Кролиководство и Звероводство [Kaninchen- u. Pelztierzucht] **1.** Nr. 4. 27—32. Juli/Aug. 1958. Unions Forschungsinst. für Pelztier- und Kaninchenzucht.) 8185

G. A. SCHAKARJAN, L. T. DANIELOWA und M. A. OGANESSJAN: **Stimulierende Wirkung von Antibiotica bei Küken.** (Г. А. Шакарян, Л. Т. Даниелова и М. А. Оганесян.) (Стимулирующее действие антибиотиков в опытах на цыплятах.) (Известия Академии Наук Армянской ССР, Биологи-

System-Nr.

ческие Науки [Nachr. Akad. Wiss. ArmenSSR, biol. Wiss.] **12.** Nr. 5. 45—50. Mai 1959. Jerewan, Veterinärmed. und Zootechn. Inst., Lehrstuhl für Mikrobiol.) 8185

J. BIELY und B. E. MARCH: **Die Beeinflussung von Küken durch mehrere Antibiotica in verschiedenen Futtermischungen und Umgebungen.** (The response of chicks to several antibiotics in different diets and environments.) (Poultry Sci. **38.** 771—74. Juli 1959. Vancouver, Canada, Univ. of British Columbia, Dep. of Poultry Sci.) 8185

C. W. POPE und PHILIP J. SCHAIBLE: **Die Wirkung von Arsanilsäure in Futtermischungen mit niedrigem und normalem Proteingehalt auf Legeleistung.** (Effect of arsanilic acid in low- and normalprotein mashes upon egg production.) (Poultry Sci. **38.** 350—52. März 1959. East Lansing, Mich., Michigan State Univ., Dep. of Poultry Sci.) 8195

A. L. PRABUCKI: **Über die Bedeutung von Antioxydantien als Futtermittelzusatz.** (Geflügelhof [Zollikofen-Bern] **22.** 637—38. 11/9. 1959. Zürich, Eidg. TH, Inst. für Haustierernährung.) 8195

K. G. ROOD, R. K. RINGER, E. W. SPECKMANN und L. F. WOLTERINK: **Der Einfluß der Reserpinfütterung auf heranwachsendes Geflügel.** (The effect of feeding reserpine to growing birds.) (Michigan State Univ. Agric. appl. Sci., agric. Exp. Stat., quart. Bull. **41.** 157—62. Aug. 1958. Dep. of Poultry Husbandry; Dep. of Physiol.; Dep. of Pharmacol.) 8195

G. A. TSCHEREMISSINOW: **Kühe als Nahrungsspender bei der Küken- und Ferkelaufzucht.** (Г. А. Черемисинов.) (Использование коров-кормилиц при выращивании цыплят и поросят.) (Животноводство [Tierzucht] **22.** Nr. 2. 59—60. Febr. 1960. Gebiet Kursk.) 8195

G. G. STEPANJAN: **Zur Frage der Wirkung von Biostimulatoren auf einige Funktionen des Organismus.** (Г. Г. Степаян.) (К вопросу о действии биостимуляторов на некоторые финкции организма.) (Известия Академии Наук Армянской ССР, Биологические и Сельскохозяйственные Науки [Nachr. Akad. Wiss. ArmSSR, biol. landwirtsch. Wiss.] **11.** Nr. 9. 63—72. Sept. 1958. Jerewan, Veterinärmed. und Zootechn. Inst., Lehrstuhl für Physiol.) 8195

C. W. POPE und PHILIP J. SCHAIBLE: **Die Beziehungen zwischen Furazolidon und anderen Futterzusätzen auf das Wachstum beim Geflügel.** (Interrelationships of furazilidone and other feed additives on the growth of poultry.) (Michigan State Univ., Agric. appl. Sci., agric. Exp. Stat., quart. Bull. **40.** 857—60. Mai 1958. Dep. of Poultry Husbandry.) 8195

G. B. BELLOFF, J. BUZARD und H. D. B. ROBERTS: **Der Einfluß der Furazolidonfütterung auf das Vorkommen der Substanz in Hühnerfleisch und -eiern sowie auf die Farbe von Eiweiß, Eigelb und Eihomogenat.** (The effect of furazolidone consumption on drug content of chicken tissues and eggs, color of shell, yolk and whole eggs homogenate.) (Poultry Sci. **37.** 223—27. Jan. 1958. Norwich, N. Y., Med. and Res. Dep., Div. of the Norwich Pharmac. Co., Eaton Lab.) 8195

B. D. BARNETT und C. L. MORGAN: **Die Wirkung von hohem Fettanteil im Futter auf beta-Aminopropionitril, das zu inneren Blutungen bei Küken führte.** (The effect of high levels of dietary fat on aminoqropionitrile induced internal hemorrhage in chicks.) (Poultry Sci. **38.** 589—93. Mai 1959. Clemson, S. C., South Carolina Agric. Exp. Stat., Poultry Dep.) 8360

D. POLIN, A. J. BASSO und R. C. O'NEILL: **Einige Verbindungen der Carbanilidgruppe, die die Ablagerung von Porphyrin in der Eischale verhindern.** (Some compounds in the carbanilide series preventing shell porphyrin deposition.) (Poultry Sci. **38.** 282—84. März 1959. Rahway, N. J., Merck Inst. for Therapeutic Res., Merck Sharp & Dohme Res. Lab.) 8360

System-Nr.

D. H. SHERWOOD: **Der Einfluß des „Polybor 3" auf die Legeleistung.** (Effect of polybor 3 on egg production.) (Poultry Sci. **38.** 491—93. März 1959. Indianola, Iowa, Larro Res. Farm, General Mills, Inc.) 8360

W. J. PUDELKIEWICZ, R. V. BOUCHER, E. W. CALLENBACH und R. C. MILLER: **Einige physiologische Reaktionen von New-Hampshire-Küken auf ein Gemisch von Penta- und Hexachlornaphthalinen.** (Some physiological responses of New Hampshire chickens to a mixture of penta- and hexachloronaphthalenes.) (Poultry Sci. **38.** 424—30. März 1959. University Park, Pa., Pennsylvania State Univ., Dep. of Agric.; Dep. of Biol. Chem.; Dep. of Poultry Husbandry.) 8360

N. REYNTENS und F. OKERMANN: **Kann mit Panogen gebeiztes Saatgut noch als Geflügelfutter benutzt werden?** (Les semences au „Panogen" peuvent-elles ancore être utilisées dans les aliments pour la volaille?) (Rev. Agric [Bruxelles] **12.** 3—9. Jan. 1959. Gontrode, Stat. de Petit Elevage de l'Etat.) 8360

ANONYM: **Die Fütterung in der Geflügelintensivhaltung.** (Tierzucht **14.** 39—41. Jan. 1960. Berlin, Dtsch. Akad. der Landwirtschaftswiss., Arbeitsgemeinschaft „Intensivgeflügelhaltung".) 8544

W. C. LOCKHART und REECE L. BRYANT: **Energiereiche und -arme Futtermischungen für Küken.** (High and low energy diets for chicks.) (North Dakota Farm Res., biomonthly Bull. **20.** Nr. 6. 15—19. Juli/Aug. 1958.) 8544

B. E. MARCH und J. BIELY: **Die Einsparung an Eiweißkonzentraten durch Weizen bei Puten-Erstlingsfuttermischungen.** (The sparing effect of wheat on the need for protein concentrates in a turkey starting ration.) (Canad. J. Animal Sci. **38.** 118—21. Dez. 1958. Vancouver, Brit. Columbia, Univ. of Brit. Columbia, Poultry Nutrition Lab.) 8544

P. H. C. DU PLESSIS und J. ERASMUS: **Der Eiweißbedarf von Legehennen.** (The protein requirements of laying hens.) (South African J. agric. Sci. **2.** 33—40. März 1959. Pretoria, Univ., Fac. of Agric.) 8584

H. VOGT: **Wie hoch liegt der Eiweißbedarf der Legehennen?** (Dtsch. Wirtschaftsgeflügelzucht **11.** 671—72. 25/7. 1959. Kiel-Steenbeck.) 8548

GREINER-PETTER: **Verpilzte Gerste in der Hähnchenmast.** (Tierzucht **12.** 330—31. Okt. 1958. Dummerstorf, Inst. für Tierzuchtforsch. der Dtsch. Akad. der Landwirtschaftswiss. zu Berlin.) 8830

FRANK C. HINDS und H. M. SCOTT: **Der Einfluß gepreßten Maises unter Berücksichtigung des Kükenalters.** (Age of chick-A factor in the response to pelleted corn.) (Poultry Sci. **37.** 189—92. Jan. 1958. Urbana, Illinois Agric. Exp.) 8860

GERHARD PECHT: **Erzeugnisse der künstlichen Trocknung als Mischfutterkomponenten.** (Futterkonservierung **1959.** 14/19. Apr. Düsseldorf.) 8910

I. SS. SKURATOW: **Fütterung des Geflügels mit Silomais.** (**И.** С. Скуратов.) (Скармиливание птице силосованной кукурузы.) (Птицеводство [Geflügelzucht] **9.** Nr. 4. 13—16. Apr. 1959. Ukrain.-Versuchsstat. für Geflügelzucht.) 8920

M. G. VAVICH, A. R. KEMMERER, BON NIMBKAR und LEE S. STITH: **Der Nährwert von Hirse mit hohem und niedrigem Proteingehalt für heranwachsende Küken.** (Nutritive value of low and high protein soghum grains for growing chickens.) (Poultry Sci. **38.** 36—40. Jan. 1959. Tucson, Univ. of Arizona, Dep. of Agric. Biochem., Plant Breeding.) 8990

R. FANGAUF, H. VOGT und G. VON BARLÖWEN: **Nebenerzeugnisse der Maisstärkefabrikation im Kükenfutter.** (Arch. Geflügelkunde **23.** 192—202. Juni 1959. Kiel-Steenbek, Lehr- und Versuchsanst. für Kleintierzucht.) 9136

ROBERT JOHN EVANS, SELMA L. BANDEMER, J. A. DAVIDSON und DORIS H. BAUER: **Die Proteinverteilung in frischen und gelagerten Schaleneiern von Hennen, die mit rohem Baumwollsamenöl gefüttert wurden.** (Protein distribution

System-Nr.

in fresh and stored shell eggs from hens feed crude cottonseed oil.) (J. agric. Food Chem. 7. 47—50. Jan. 1959. East Lansing, Mich., Michigan State Univ. of Agric. and Applied Sci., Dep. of Agric. Chem. and Poultry Husbandry.) 9170

ELBERT J. DAY und JAMES E. HILL: **Neues Fischmehl, untersucht in Broiler-Futtermischungen.** (New fish meal tested in broiler rations.) (Poultry Sci. **38.** 556—59. Mai 1959. Mississippi, State Coll., Mississippi Agric. Exp. Stat.) 9230

H.-W. HOHLS: **Fischpulpe als Träger tierischen Eiweißes in der Kükenmast.** (Arch. Geflügelkunde **23.** 153—65. Juni 1959. Celle, Bundesforschungsanst. für Kleintierzucht.) 9230

R. FANGAUF und H. VOGT: **Kükenwuchsprüfung mit selbstemulgierendem Dorschlebertran.** (Arch. Geflügelkunde **23.** 277—81. Sept. 1959. Kiel-Steenbeck, Lehr- und Versuchsanst. für Kleintierzucht.) 9230

FSC
www.fsc.org
MIX
Papier | Fördert
gute Waldnutzung
FSC® C083411

Zeitfracht Medien GmbH
Ferdinand-Jühlke-Straße 7
99095 Erfurt, Deutschland
produktsicherheit@kolibri360.de